夏のよい空

YAMADA TAKASHI の 天文コンパクトブックス ❹

星座につよくなる本
冬の星座博物館

山田 卓

地人書館

冬の星座

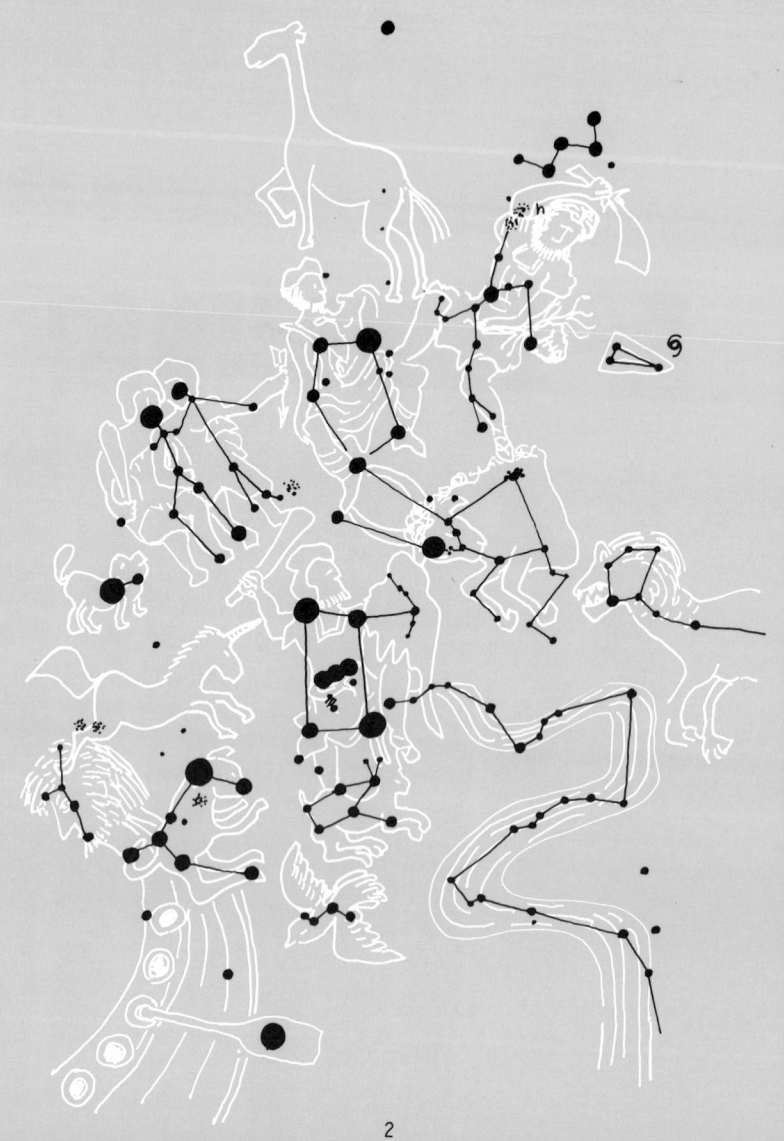

まえがき

❄ 雪どけをまつ夏の星座たち ❄

　3月といっても，台湾坊主がときならぬ大雪を降らせることもある．

　山はまだ冬そのもの，吹雪におそわれることだってある．私にとって3月は，まだまだスキーシーズンの半ばといったところである．

　春分を過ぎて，やっとすこしだけ春山らしい表情をみせはじめるが，そんな頃，よいの冬の星座もすこしだけ西に傾きはじめるのだ．

　春のナイタースキーは楽しい．

　星をあおぎながらリフトにゆられる時，がらにもなくロマンティックな夢をみせられてしまう．

　ナイター照明を浴びたまばゆいばかりの雪のジュータンが，いやでもそのムードをかきたてるからだ．ゲレンデを天の川にみたてるなら，色とりどりのスキーヤーは，天の川付近にむらがる輝星たちということになる．

　ロッヂのかげにはいって，視野から照明を追いだすと，目がなれるにしたがって，冬の天の川と，それにまつわりつくように，ひしめきあう冬の星座たちが見えてくる．

　雪のゲレンデは，そのまま天につながって天の川になるのだ．

　ベテルギウスの赤，リゲル，シリウス，カストル，プロキオンの青や白，カペラの黄，ポルックス，アルデバランのオレンジといったベテランスキーヤーたちの華やかなヤッケがゲレンデに舞う．

　ナイター照明が消える午後9時ごろ，夜空のスキーヤーたちも西の地平線にむかう．東からのぼったまばらでさみしい春の星座たちにおしだされてしまうのだ．

　東の地平線の下で，夏の星座たちが雪どけを待っている．

　下界ではもう水着のファッションショーがはじまった．

　春の雨が雪を消すのに，まだこれからたっぷり2か月はかかるというのに…．

冬の星座…2　目　次…4　星座の名前(1)…6　星座の名前(2)…8
プトレマイオスの48星座…10　ギリシャ文字…36

● まえがき ─────────────────────────────
雪どけをまつ夏の星座たち ………………………………………… 3

● これだけは知っておきたい ──────────────────
星座をさがす前に ………………………………………………… 11

● カメラと三脚があれば星座の記念写真を ────────── 12
星の感動を記念写真に ……………………………………………… 12
地上の景色が星に命を ……………………………………………… 14
まず計画的に試し撮りを …………………………………………… 14
レンズのＦ値と絞り目盛 …………………………………………… 17
シャッタースピードと星の日周運動 ……………………………… 17
星を点にする露出時間は？ ………………………………………… 18
何等星まで写るか？ ………………………………………………… 20
フィルムは感度の高いものを ……………………………………… 22
カラーフィルムはリバーサルタイプを …………………………… 22
どれくらいの範囲がうつるか ……………………………………… 23
線になった星もわるくない ………………………………………… 24
空の明るさできまる露出時間の限界 ……………………………… 25

● カメラ以外にあったほうがいい撮影器材 ────────── 28
三脚はしっかりしたものを ………………………………………… 28
レリーズはストッパー付きを ……………………………………… 29
時計は秒針のあるものを …………………………………………… 29
照明装置には一工夫がほしい ……………………………………… 31
星座早見と星図あるいは星座博物館を参考に …………………… 32
フードはもちろんあったほうがいい ……………………………… 32
スポーツファインダーがあれば便利だけど ……………………… 32

● いもづる式 ─────────────────────────
冬の星座のみつけかた　とらの巻 ……………………………… 37
冬のよい空マップ…39

1. エリダヌス座 ………………………………………………… 40
エリダヌス座のみりょく…40　イラストマップ…41　星座写真…42
星図…43　みつけかた…44　歴史…46　名前…47　中国の星空…49

2. おうし座 ……………………………………………………… 50
おうし座のみりょく…50　イラストマップ…51　星座写真…52　星
図…53　みつけかた…54　歴史…56　中国の星空…57　名前…58
伝説…60　すばる星讚歌…62　雨ふりヒヤデスの謎…72　みどころ…75

3. オリオン座 …………………………………………………… 80
みりょく…80　イラストマップ…81　星座写真…82　星図…83　み
つけかた…84　歴史…86　中国の星座…86　名前…88　伝説…98
みどころ…106

4. うさぎ座・はと座・ちょうこくぐ座 ………………………108
うさぎ座・はと座・ちょうこくぐ座のみりょく…108　イラストマッ
プ…109　星座写真…110　星図…111　みつけかた…112　歴史…

114　名前…116　伝説…118　みどころ…120　中国の星空…121

5. きりん座 ……………………………………………………… 122
きりん座のみりょく…122　イラストマップ…123　星座写真…124　星図…125　みつけかた…126　歴史…128　中国の星空…128　伝説…129

6. ぎょしゃ座 …………………………………………………… 130
ぎょしゃ座のみりょく…130　イラストマップ…131　星座写真…132　星図…133　みつけかた…134　歴史…136　中国の星空…137　名前…138　伝説…144　みどころ…145

7. ふたご座 ……………………………………………………… 146
ふたご座のみりょく…146　イラストマップ…147　星座写真…148　星図…149　みつけかた…150　歴史…152　中国の星空…152　名前…154　伝説…160　みどころ…164

8. こいぬ座 ……………………………………………………… 166
こいぬ座のみりょく…166　イラストマップ…167　星座写真…168　星図…169　みつけかた…170　歴史…172　名前…173　伝説…174

9. いっかくじゅう座 …………………………………………… 178
いっかくじゅう座のみりょく…178　イラストマップ…179　みつけかた…180　歴史…182　中国の星空…183　名前…184　みどころ…185

10. おおいぬ座 ………………………………………………… 188
おおいぬ座のみりょく…188　イラストマップ…189　星座写真…190　星図…191　みつけかた…192　歴史…194　中国の星空…195　名前…196　伝説…200　みどころ…206

11. アルゴ座？ ………………………………………………… 208
アルゴ座のみりょく…208　イラストマップ…209　みつけかた…210　歴史…214　中国の星空…215　伝説…216　カノープスをみつけるには…222　幻の星座シリーズ　そくていさく座…221　参考資料…228

● 話題
すばる星讚歌	62
雨ふりヒヤデスの謎	72
オリオン四つ星いろいろ	94
オリオン三つ星いろいろ	95
オリオン三つ星・小三つ星	96
オリオン・オニオン・キドータイ	97
どこへ行く？　わが太陽系一族	117
真夏の太陽とふたご座	153
日本の双子星・きんぼしさま・ぎんぼしさま	158
年のくれのおたのしみ・ふたご座流星群	159
シリウスB発見物語	202

● 星座絵のある星図
ラカーユの図…165　ケプラーの図…187　ヘルの図…207

● 協力　磯貝文利／星座写真・星座絵　浅田英夫／星図

星座の名前一覧表（日本名）

日 本 名	略符	学　　　　名		面　積 (平方度)	20時ごろ 中心が南中	掲載 ページ
アンドロメダ	And	Andromeda	アンドロメダ	722.28	11月下旬	
いっかくじゅう	Mon	Monoceros	モノケロス	481.57	3月上旬	178
いて	Sgr	Sagittarius	サギッタリウス	867.43	9月上旬	
いるか	Del	Delphinus	デルフィヌス	188.55	9月下旬	
※インデアン	Ind	Indus	インドゥス	294.01	10月上旬	
うお	Psc	Pisces	ピスケス	889.42	11月下旬	
うさぎ	Lep	Lepus	レプス	290.29	2月上旬	108
うしかい	Boo	Bootes	ボーテス	906.83	6月下旬	
うみへび	Hya	Hydra	ヒドラ	1302.84	4月下旬	
※エリダヌス	Eri	Eridanus	エリダヌス	1137.92	1月中旬	40
おうし	Tau	Taurus	タウルス	797.25	1月下旬	50
おおいぬ	CMa	Canis Major	カニス・マヨル	380.12	2月下旬	188
おおかみ	Lup	Lupus	ルプス	333.68	7月上旬	
おおぐま	UMa	Ursa Major	ウルサ・マヨル	1279.66	5月上旬	
おとめ	Vir	Virgo	ビルゴ	1294.43	6月上旬	
おひつじ	Ari	Aries	アリエス	441.40	12月下旬	
オリオン	Ori	Orion	オリオン	594.12	2月上旬	80
※がか	Pic	Pictor	ピクトル	246.74	2月上旬	
カシオペヤ	Cas	Cassiopeia	カシオペイア	598.41	12月上旬	
※かじき	Dor	Dorado	ドラド	179.17	1月下旬	
かみのけ	Com	Coma	コマ	386.48	5月下旬	
かに	Cnc	Cancer	カンケル	505.87	3月下旬	
●カメレオン	Cha	Chamaeleon	カマエレオン	131.59		
からす	Crv	Corvus	コルブス	183.80	5月下旬	
かんむり	CrB	Corona Borealis	コロナ・ボレアリス	178.71	7月中旬	
●きょしちょう	Tuc	Tucana	ツカナ	294.56		
ぎょしゃ	Aur	Auriga	アウリガ	657.44	2月中旬	130
きりん	Cam	Camelopardalis	カメロパルダリス	756.83	2月上旬	122
●くじゃく	Pav	Pavo	パボ	377.67		
くじら	Cet	Cetus	ケトゥス	1231.41	12月中旬	
ケフェウス	Cep	Cepheus	ケフェウス	587.79	10月中旬	
※ケンタウルス	Cen	Centaurus	ケンタウルス	1060.42	6月上旬	
けんびきょう	Mic	Microscopium	ミクロスコピウム	209.51	9月下旬	
こいぬ	CMi	Canis Minor	カニス・ミノル	183.37	3月中旬	166
こうま	Equ	Equuleus	エクウレウス	71.64	10月上旬	
こぎつね	Vul	Vulpecula	ブルペクラ	268.17	9月上旬	
こぐま	UMi	Ursa Minor	ウルサ・ミノル	255.86	7月上旬	
コップ	Crt	Crater	クラテル	282.40	5月上旬	
こじし	LMi	Leo Minor	レオ・ミノル	231.96	4月下旬	
こと	Lyr	Lyra	リラ	286.48	8月下旬	
●コンパス	Cir	Circinus	キルキヌス	93.35		
※さいだん	Ara	Ara	アラ	237.06	8月上旬	
さそり	Sco	Scorpius	スコルピウス	496.78	7月下旬	
さんかく	Tri	Triangulum	トリアングルム	131.85	12月中旬	

❖青字の星座は本書でとりあげた冬の星座

日 本 名	略符	学　　　　　名		面　積 (平方度)	20時ごろ 中心が南中	掲　載 ページ
しし	Leo	Leo	レオ	946.96	4月下旬	
※じょうぎ	Nor	Norma	ノルマ	165.29	7月中旬	
たて	Sct	Scutum	スクツム	109.11	8月下旬	
ちょうこくぐ	Cae	Caelum	カエルム	124.87	1月下旬	108
ちょうこくしつ	Scl	Sculptor	スクルプトル	474.76	11月下旬	
つる	Gru	Grus	グルス	365.53	10月下旬	
●テーブルさん	Men	Mensa	メンサ	153.48		
てんびん	Lib	Libra	リブラ	538.05	7月上旬	
とかげ	Lac	Lacerta	ラケルタ	200.69	10月下旬	
※とけい	Hor	Horologium	ホロロギウム	248.89	1月上旬	
●とびうお	Vol	Volans	ボランス	141.35		
とも	Pup	Puppis	プピス	673.43	3月中旬	208
●はい	Mus	Musca	ムスカ	138.36		
●はちぶんぎ	Oct	Octans	オクタンス	291.05		
はくちょう	Cyg	Cygnus	キグヌス	803.98	9月下旬	
はと	Col	Columba	コルンバ	270.18	2月上旬	108
●ふうちょう	Aps	Apus	アプス	206.33		
ふたご	Gem	Gemini	ゲミニ	513.76	3月上旬	146
ペガスス	Peg	Pegasus	ペガスス	1120.79	10月下旬	
へび	Ser	Serpens	セルペンス	636.93	7月中旬(頭)	
へびつかい	Oph	Ophiuchus	オフィウクス	948.34	8月上旬	
ヘルクレス	Her	Hercules	ヘルクレス	1225.15	8月上旬	
ペルセウス	Per	Perseus	ペルセウス	615.00	1月上旬	
※ほ	Vel	Vela	ベラ	499.65	4月上旬	208
※ぼうえんきょう	Tel	Telescopium	テレスコピウム	251.51	9月下旬	
※ほうおう	Phe	Phoenix	フォエニクス	469.32	12月下旬	
ポンプ	Ant	Antlia	アントリア	238.90	4月上旬	
みずがめ	Aqr	Aquarius	アクアリウス	979.85	10月下旬	
●みずへび	Hyi	Hydrus	ヒドルス	243.04		
●みなみじゅうじ	Cru	Crux	クルクス	68.45		
みなみのうお	PsA	Piscis Austrinus	ピスキス・アウストリヌス	245.38	10月下旬	
みなみのかんむり	CrA	Corona Austrina	コロナ・アウストリナ	127.70	8月下旬	
●みなみのさんかく	TrA	Triangulum Australe	トリアングルム・ アウストラレ	109.98		
や	Sge	Sagitta	サギッタ	79.93	9月中旬	
やぎ	Cap	Capricornus	カプリコルヌス	113.95	9月下旬	
やまねこ	Lyn	Lynx	リンクス	545.39	3月中旬	
らしんばん	Pyx	Pyxis	ピクシス	220.83	3月下旬	208
りゅう	Dra	Draco	ドラコ	1082.95	8月上旬	
※りゅうこつ	Car	Carina	カリナ	494.18	3月下旬	208
りょうけん	CVn	Canes Venatici	カネス・ベナティキ	465.19	6月上旬	
※レチクル	Ret	Reticulum	レチクルム	113.94	1月上旬	
ろ	For	Fornax	フォルナクス	397.50	12月下旬	
ろくぶんぎ	Sex	Sextans	セクスタンス	313.52	4月上旬	
わし	Aql	Aquila	アクイラ	652.47	9月上旬	

●印は北緯35°(東京は35°.65)で見えない星座. ※は一部見えない星座.

星座の名前一覧表（ＡＢＣ順）

略符	学　　　　　名		日　本　名	面　積 (平方度)	20時ごろ 中心が南中	掲　載 ページ
And	Andromeda	アンドロメダ	アンドロメダ	722.28	11月下旬	
Ant	Antlia	アントリア	ポンプ	238.90	4月中旬	
Aps	Apus	アプス	●ふうちょう	206.33		
Aql	Aquila	アクイラ	わし	652.47	9月上旬	
Aqr	Aquarius	アクアリウス	みずがめ	979.85	10月下旬	
Ara	Ara	アラ	※さいだん	237.06	8月上旬	
Ari	Aries	アリエス	おひつじ	441.40	12月下旬	
Aur	Auriga	アウリガ	ぎょしゃ	657.44	2月中旬	130
Boo	Bootes	ボーテス	うしかい	906.83	6月下旬	
Cae	Caelum	カエルム	ちょうこくぐ	124.87	1月下旬	108
Cam	Camelopardalis	カメロパルダリス	きりん	756.83	2月下旬	122
Cap	Capricornus	カプリコルヌス	やぎ	413.95	9月下旬	
Car	Carina	カリナ	※りゅうこつ	494.18	3月下旬	208
Cas	Cassiopeia	カシオペイア	カシオペヤ	598.41	12月上旬	
Cen	Centaurus	ケンタウルス	※ケンタウルス	1060.42	6月上旬	
Cep	Cepheus	ケフェウス	ケフェウス	587.79	10月中旬	
Cet	Cetus	ケトス	くじら	1231.41	12月中旬	
Cha	Chamaeleon	カマエレオン	●カメレオン	131.59		
Cir	Circinus	キルキヌス	●コンパス	93.35		
CMa	Canis Major	カニス・マヨル	おおいぬ	380.12	2月下旬	188
CMi	Canis Minor	カニス・ミノル	こいぬ	183.37	3月中旬	166
Cnc	Cancer	カンケル	かに	505.87	3月下旬	
Col	Columba	コルンバ	はと	270.18	2月上旬	108
Com	Coma	コマ	かみのけ	386.48	5月下旬	
CrA	Corona Austrina	コロナ・アウストリナ	みなみのかんむり	127.70	8月下旬	
CrB	Corona Borealis	コロナ・ボレアリス	かんむり	178.71	7月中旬	
Crt	Crater	クラテル	コップ	282.40	5月上旬	
Cru	Crux	クルクス	●みなみじゅうじ	68.45		
Crv	Corvus	コルブス	からす	183.80	5月下旬	
CVn	Canes Venatici	カネス・ベナティキ	りょうけん	465.19	6月上旬	
Cyg	Cygnus	キグヌス	はくちょう	803.98	9月下旬	
Del	Delphinus	デルフィヌス	いるか	188.55	9月下旬	
Dor	Dorado	ドラド	※かじき	179.17	1月下旬	
Dra	Draco	ドラコ	りゅう	1082.95	8月上旬	
Equ	Equuleus	エクウレウス	こうま	71.64	10月上旬	
Eri	Eridanus	エリダヌス	※エリダヌス	1137.92	1月中旬	40
For	Fornax	フォルナクス	ろ	397.50	12月下旬	
Gem	Gemini	ゲミニ	ふたご	513.76	3月上旬	146
Gru	Grus	グルス	つる	365.51	10月下旬	
Her	Hercules	ヘルクレス	ヘルクレス	1225.15	8月上旬	
Hor	Horologium	ホロロギウム	※とけい	248.89	1月下旬	
Hya	Hydra	ヒドラ	うみへび	1302.84	4月下旬	
Hyi	Hydrus	ヒドルス	●みずへび	243.04		
Ind	Indus	インドゥス	※インデアン	294.01	10月上旬	

❖青字の星座は本書でとりあげた冬の星座

略符	学　名		日　本　名	面　積 (平方度)	20時ごろ 中心が南中	掲載 ページ
Lac	Lacerta	ラケルタ	とかげ	200.69	10月下旬	
Leo	Leo	レオ	しし	946.96	4月下旬	
Lep	Lepus	レプス	うさぎ	290.29	2月上旬	108
Lib	Libra	リブラ	てんびん	538.05	7月上旬	
LMi	Leo Minor	レオ・マイノル	こじし	231.96	4月下旬	
Lup	Lupus	ルプス	おおかみ	333.68	7月上旬	
Lyn	Lynx	リンクス	やまねこ	545.39	3月中旬	
Lyr	Lyra	リラ	こと	286.48	8月下旬	
Men	Mensa	メンサ	●テーブルさん	153.48		
Mic	Microscopium	ミクロスコピウム	けんびきょう	209.51	9月下旬	
Mon	Monoceros	モノケロス	いっかくじゅう	481.57	3月上旬	178
Mus	Musca	ムスカ	●はい	138.36		
Nor	Norma	ノルマ	※じょうぎ	165.29	7月中旬	
Oct	Octans	オクタンス	●はちぶんぎ	291.05		
Oph	Ophiuchus	オフィウクス	へびつかい	948.34	8月上旬	
Ori	Orion	オリオン	オリオン	594.12	2月上旬	80
Pav	Pavo	パボ	●くじゃく	377.67		
Peg	Pegasus	ペガスス	ペガスス	1120.79	10月下旬	
Per	Perseus	ペルセウス	ペルセウス	615.00	1月中旬	
Phe	Phoenix	フォエニクス	※ほうおう	469.32	12月下旬	
Pic	Pictor	ピクトル	※がか	246.74	2月上旬	
PsA	Piscis Austrinus	ピスキス・アウストリヌス	みなみのうお	245.38	10月下旬	
Psc	Pisces	ピスケス	うお	889.42	11月下旬	
Pup	Puppis	プピス	とも	673.43	3月中旬	208
Pyx	Pyxis	ピクシス	らしんばん	220.83	3月下旬	208
Ret	Reticulum	レチクルム	※レチクル	113.94	1月中旬	
Scl	Sculptor	スクルプトル	ちょうこくしつ	474.76	11月中旬	
Sco	Scorpius	スコルピウス	さそり	496.78	7月下旬	
Sct	Scutum	スクツム	たて	109.11	8月下旬	
Ser	Serpens	セルペンス	へび	636.93	7月中旬(頭)	
Sex	Sextans	セクスタンス	ろくぶんぎ	313.52	4月中旬	
Sge	Sagitta	サギッタ	や	79.93	9月下旬	
Sgr	Sagittarius	サギッタリウス	いて	867.43	9月上旬	
Tau	Taurus	タウルス	おうし	797.25	1月下旬	50
Tel	Telescopium	テレスコピウム	※ぼうえんきょう	251.51	9月上旬	
TrA	Triangulum Australe	トリアングルム・アウストラレ	●みなみのさんかく	109.98		
Tri	Triangulum	トリアングルム	さんかく	131.85	12月中旬	
Tuc	Tucana	ツカナ	●きょしちょう	294.56		
UMa	Ursa Major	ウルサ・マヨル	おおぐま	1279.66	5月上旬	
UMi	Ursa Minor	ウルサ・ミノル	こぐま	255.86	7月中旬	
Vel	Vela	ベラ	※ほ	499.65	4月上旬	208
Vir	Virgo	ビルゴ	おとめ	1294.43	6月上旬	
Vol	Volans	ボランス	●とびうお	141.35		
Vul	Vulpecula	ブルペクラ	こぎつね	268.17	9月上旬	

●印は北緯35°(東京は35°.65)で見えない星座．※印は一部みえない星座．

●プトレマイオスの48星座●

①アルゴ座（ギリシャ神話に登場するアルゴ船，現在はりゅうこつ座／とも座／ほ座／らしんばん座に四分割された）／②アンドロメダ座／③いて座／④いるか座／⑤うお座／⑥うさぎ座／⑦うしかい座／⑧うみへび座／⑨エリダヌス座／⑩おうし座／⑪おおいぬ座／⑫おおかみ座／⑬おおぐま座／⑭おとめ座／⑮おひつじ座／⑯オリオン座／⑰カシオペヤ座／⑱かに座／⑲からす座／⑳かんむり座／㉑ぎょしゃ座／㉒くじら座／㉓ケフェウス座／㉔ケンタウルス座（半人半馬の奇妙な種族）／㉕こいぬ座／㉖こうま座／㉗こぐま座／㉘コップ座／㉙こと座／㉚さいだん座（祭壇）／㉛さそり座／㉜さんかく座／㉝しし座／㉞てんびん座／㉟はくちょう座／㊱ふたご座／㊲ペガスス座／㊳へび座／㊴へびつかい座／㊵ヘルクレス座／㊶ペルセウス座／㊷みずがめ座／㊸みなみのうお座／㊹みなみのかんむり座／㊺や座／㊻やぎ座／㊼りゅう座／㊽わし座

　プトレマイオスの48星座は星座の古典である．
　2世紀のなかごろ，ギリシャの天文学者プトレマイオスが天文学の大系（メガレ・シンタクシス Megale Syntaxis，後にアラビア語訳されてアルマゲスト Almagest）をまとめたが，その中に48の星座がとりあげられた．
48星座内訳：人物14星座（いて，ケンタウルスを含む，みずがめ座はみずがめをかつぐ人）／動物24星座／器物・その他10星座

●これだけは知っておきたい
星座をさがす前に

　星座や星をさがすとき，そして，その星座や星をより興味深くみるために，いくつかの天体のしくみや，天文学上の約束ごとなど，基礎的な知識はあったほうがいい．すくなくとも常識的なことがらについては，知っていてソンはない．

　このシリーズは，春，夏，秋，冬と4分冊にしたので，基礎編も4分割することになった．したがって，いくつかの点については，あと先が逆になってしまうところもでるがお許しいただきたい．

　さて，この冬の星座編では

カメラと三脚があれば星座の記念写真を
- ●星の感動を記念写真に
- ●地上の景色が星に命を
- ●まず計画的に試し撮りを
- ●レンズのF値と絞り目盛
- ●シャッタースピードと星の日周運動
- ●星を点にする露出時間は？
- ●何等星まで写るか？
- ●カラーフィルムはリバーサルタイプを
- ●フィルムは感度の高いものを
- ●どれくらいの範囲がうつるか
- ●線になった星もわるくない
- ●空の明るさできまる露出時間の限界

カメラ以外にあったほうがいい撮影器材
- ●三脚はしっかりしたものを
- ●レリーズはストッパー付きを
- ●時計は秒針のあるものを
- ●照明装置には一工夫がほしい
- ●星座早見と星図あるいは星座博物館を参考に
- ●フードはもちろんあったほうがいい
- ●スポーツファインダーがあれば便利だけど

✻ カメラと三脚があれば 星座の記念写真を

いつでも どこでも だれでも うつせる
固定カメラ撮影法

● 星の感動を記念写真に

星座をみつけたとき,人それぞれ感動の形も中味もちがう.

はじめてみつけた星座,やっとみつけた星座,旅先でみつけた星座,夜明け前にみつけた季節はずれの星座,一人でみつけた星座,二人でさがした星座,大勢でみた星座,形はちがっても星座との出合いはなぜか心がさわぐ.そして,この感動を残したい,だれかに伝えたい,といった衝動にかられるにちがいない.

そんな時,カメラと三脚があったら,まよわず星座の記念写真をとることをおすすめしたい.

星座の記念写真はおもったより簡単である.

カメラを三脚にとりつけて,目的の星座に向けてシャッターを切ればいい.

カメラを固定して撮影するこの方法は,静止撮影法とか固定撮影法という.

「オリオン座と記念写真を…」　撮影：小島秀蔵
まず，F11，ストロボ同調でモデルを撮影，次にF3.8（開放），ピントを無限大（星にあわせて）にして，5分間露出をする．その間なんとモデルはそのままの姿勢で動くな！とがんばった．
カメラ：マミヤRB6×7．フィルム：エクタクローム400．

地上の景色が星に命を

構図の中に地上の景色をとり入れると、星の写真が生きてくる。

田んぼに落ちるペルセウス座、雪山に昇るおおいぬ座、木枯しにふるえるふたご座、星もまばらな都会のビルの谷間にはさまれた瀕死のはくちょう座、屋上のビヤガーデンをのぞくうしかい座、稲妻に驚くさそり座など、あなたの心をさわがせる星は、いつも人間とのかかわりあいをもちながら多種多様である。

あなたの目や心にうつった自分の宇宙にカメラを向けると考えればいい。そして、この感激をもってかえって誰に知らせようか…を考え、シャッターを押せばいい。

あなたの星座の記念写真の構図の中に、おそらく地上の風景や情景を無視することはできないだろう。

星座と共に地上の景色を写しこむテクニックは、固定撮影写真術のもっとも得意とするところである。

まず計画的に試し撮りを

うつった星座の写真は、あなたが使ったカメラのレンズの特性、フィルムの種類や感度のちがい、あなたがえらんだ絞り、シャッタースピード、構図などによって、その顔もさまざまである。

何枚もうつすうちに、かならず、あなたの心をとらえた星座が、あなたのものになるにちがいない。

まずはあなたのカメラでどこまで星がうつせるか、データをいろいろかえて試し撮りをしてみよう。

「星が降る」
名古屋市郊外で、50mm、露出3分、絞り開放（F/2）、フジクローム400.

絞りをかえたら？ シャッターをかえたら？ フィルムをかえたら？ レンズをかえたら？ フィルターをつかったら？…と，いろいろ条件をかえてうつした専用のデータブックを一冊つくっておけば，今後の傑作誕生に大いに役立つことだろう

固定カメラ撮影法は，レンズの焦点距離，F値(明るさ)，フィルムの感度などのほかに，星の日周運動というめんどうな問題もかかえている．

「美濃の星」撮影：永田宣男
55mm．露出3分．絞り開放（F/1.8）．エクタクローム400．

露出をいろいろかえてみると…

「のぼるおうし座」茶臼山にて．50mm，絞り開放（F/2），フジクローム400．
茶臼山は標高1000メートルちかくある．闇夜なのに夜天光のせい
で，長時間露出をするとバックがかぶってシルエットが浮かびでる．

①露出 10秒　　②露出 20秒　　③露出 30秒

④露出 1分　　⑤露出 2分　　⑥露出 3分

⑦露出 5分　　⑧露出 10分　　⑨露出 15分

● レンズのF値と絞り目盛

カメラの絞りの表示目盛は、レンズの焦点距離を口径（有効径）で割った数をつかう。絞り目盛の数字が小さいほどレンズがとり入れる光の量が大きいということになる。

絞り目盛のもっとも小さい数値はそのレンズの口径を絞らないで、開放でつかうときの明るさを示している。

カメラのレンズの明るさはレンズ枠に表示されている。レンズの口径で焦点距離をわった数字だから、レンズの口径を1とした場合の比で表示することにしている。

たとえば口径が3cmで焦点距離が6cmのレンズは、1：2と表示してある。このレンズの明るさをあらわす数値は、FナンバーとかF値といって、F2という表現を使うこともある。

一般に35mm版カメラのレンズのF値は、標準レンズ（焦点距離が50～55mm）の場合、F1.2からF2.8ていどになっている。

絞り目盛は、そのレンズを開放でつかうときのF値を筆頭にいくつかの数値がしるしてある。例えばF2.8のレンズの場合は、2.8, 4, 5.6, 8, 11, 16, 22, と表示されている。この絞り目盛は一目盛小さい方をえらぶごとに、明るさ（レンズがとりいれる光の量）が2倍になることは、先刻ご承知だとおもうが…。

レンズのF値は小さいほど、より暗い星を写しとる能力があるのだが、あなたのレンズのF値はどれくらいだろうか？ ひょっとして、少々古いカメラをお持ちの方は、F値が3.5とか、4.5という暗いレンズがついているかもしれない。しかし、大丈夫、がっかりすることはない。

F4.5でも、ちかごろの高感度フィルムは、星座を構成する星（肉眼でみえる星）のすべてを十分写しとることができるからだ。

● シャッタースピードと星の日周運動

シャッタースピード、つまり露出時間をえらぶのはあなた自身。

ただし、星は暗いので昼間の記念写真のように500分の1秒とか、125分の1秒といった短時間露出では、とても歯がたたない。すくなくとも何分の1秒でなく、何秒間という露出が必要である。

露出時間は長いほうが、当然写る星の数が多くなるわけだ。しかし、固定撮影法ではめったやたらに露出時間をのばしても、これ以上は写る星の数をふやせない限界があることも知っていてほしい。

三脚に固定して長時間露出中のカメラは、地球の自転と共に休みなく動いている。したがって、フィルム上の星像がいつまでも一点にとどまっているわけではない。

星の日周運動は赤道上（天の赤道）でもっとも速く、極に近い星ほど遅い。星は1日（正確には23時間56分4秒）に1回転するので、赤道上の星（赤緯0°）は、1時間に360°÷24=15°、1分間に15′、1秒間に15″（角）だけ移動する。

したがって、赤緯$δ$（デルタ）の星がt秒間に移動する量は、

$A = 15″ \cdot t \cdot \cos δ$

でえられる。

例えば赤緯+35°（北緯35°の土地で天頂を通過する）の星は、

$A = 15″ × 1 × \cos 35$

＝12″.3
1秒間に12″.3(角)だけ移動する.

さて,この星の動きがフィルム上でどれくらいの動きになるかは,使用するレンズの焦点距離によってちがう.もちろん焦点距離が長いレンズのほうが動きは大きい.

フィルム上の星像の移動量をBミリとすると,焦点距離fミリのレンズでt秒間露出したとき

$B = 0.000075 \cdot f \cdot t \cdot \cos\delta$

となる.

例えば標準の50ミリレンズで赤道上の星(赤緯0°)を1秒間露出したら

$B = 0.000075 \times 50 \times 1 \times \cos 0$
$= 0.00375$

となって,フィルム上の星像は0.00375㎜移動する.

日周運動で動くフィルム上の星像

赤緯δ	露出1秒間のフィルム上の移動量(50mmレンズ)
0°	0.00375mm
15°	0.00362mm
30°	0.00325mm
45°	0.00265mm
60°	0.00188mm
75°	0.00097mm
90°	0(天の北極の星は動かない)

●星を点にする露出時間は?

これ以上写る星の数がふやせない露出時間の限界をどれくらいと考えたらいいだろうか.つまりそれは,フィルム上の星像が流れて線にならないように写しとれる露出時間ということにもなるわけだ.

実際に撮影されたフィルム上の星像は,完全な点像ではなく,にじんで大きくなった円盤像になる.像のにじみの原因は,シンチレーション(大気の温度,密度の変化による星像のゆらぎ)や,フィルムの乳剤によるひろがり,現像によるにじみ,レンズの収差などいろいろあるのだが,いずれにしても円盤像の直径が大きいほど,フィルム上の同一星像に光を蓄積できる時間が長くとれることになる.

一般に50㎜レンズで撮影した時の星像の直径は,0.03ミリ以上になるようだ.したがって,赤道上の星の場合1秒間に0.00375㎜移動するので,にじんだ星像の直径0.03㎜を通過する時間(0.03÷0.00375＝8),8秒間が点像にできる限界の露出時間ということになる.露出時間をこれ以上長くしても,星像が線になってしまうだけで星数はふえないということだ.

星像を点像にするための限界露出時間

焦点距離 \ 星の赤緯	0°	15°	30°	45°	60°	75°
35mmレンズ	11秒	12秒	14秒	16秒	23秒	44秒
50mmレンズ	8秒	8秒	9秒	11秒	16秒	31秒
85mmレンズ	5秒	5秒	6秒	7秒	9秒	18秒
135mmレンズ	3秒	3秒	4秒	4秒	6秒	12秒

実際に撮影してみると，10秒露出でもほぼ点像になるし，15秒露出でもまあまあ点像としてゆるせる．

表の数字は，あくまで参考に，実際に撮影して自分用データを作成することをおすすめしたい．

「ぎょしゃ座の鈴なり星？」
名古屋市郊外．50mm．露出1分．絞り開放（F/2）．フジクローム400．

● 何等星まで写るか？

固定撮影では，露出時間を多くしても，日周運動で星像が移動するので，一点にいつまでも露光することができない．したがって，星像が線にならないで点として写すことができる露光時間が，もっとも暗い星を写しとる限界ということにもなる．

星像がもっとも速く動く赤道上の星空と，動きの遅い北極付近の星空では，写しとれる限界等級はかなりちがう．

カメラのレンズの直径が大きいほど，F数が小さいほど，フィルムの感度が高いほど，星空の透明度が高く，バックが暗いほど，そして，極に近い空ほどより暗い星が写るわけだ．

フィルム上に集める星の光の量

「おおいぬ座」都会をすこしはなれると暗い星がうんとふえる（撮影：永田宣男）

50mm．露出3分．絞り開放（F/2）．フジSSS．

は，レンズの焦点距離が同じなら，レンズの面積，つまりレンズの口径の2乗に比例する．

例えば，同じ焦点距離50mmの標準レンズでも，口径が40mm（F1.25）のレンズは，口径20mm（F2.5）のレンズにくらべて，$40^2 \div 20^2 = 4$（倍）の光を集めることができる．2倍の明るさを星の等級差に換算すると約0.8等になるから，4倍の光を集めると1.5等級暗い星を写しとることができることになる．

線になった星が何等星まで写るかは，（口径）^{2}／焦点距離の比の値に左右されるというわけだ．

感度ISO 100のフィルムをつかって，天の赤道付近の星空を標準レンズで写すとき，口径10mm（F5）のレンズなら5.9等星まで大丈夫とすると，口径20mmなら7.5等星までは写る…といったところを目安にしよう．

「おおいぬ座」
名古屋市の中心部にある名古屋城にて撮影
都会の空では暗い星がうつらない

50mm，露出3分，絞り開放（F/2），トライX．

●カラーフィルムは リバーサルタイプを

フィルムは白黒フィルム（モノクローム）とカラーフィルム，そしてカラーフィルムには印画紙にプリントするためのネガフィルムと，スライド用のリバーサル（ポジ）フィルムがある．

白黒フィルムは，現像からプリントまで，比較的容易に設備をととのえて自分で処理できる点（増感現像も自由自在），こういう技術的なことに興味をもつマニア指向の人にむいている．

ネガカラーは，いまもっとも多く使用されているフィルムである．フィルムは補色に発色するので，プリントしてはじめて目的の色がみられるわけだが，プリントの段階で多少の補正ができる点はありがたい．ただし，白黒ほど簡単ではないので，自分で処理する人は少なく，ほとんどは現像所におまかせということになる．

リバーサルフィルムは，プリント処理をする必要がない点，発色がたいへんいい点，保存の耐久性にすぐれている点，必要があればプリントすることもできる点，印刷原稿に適している点，スライド映写機をつかって拡大して作品を楽しむことができる点など，私は気にいっている．

リバーサルフィルムはすべて現像所まかせだから，撮影後に手を加える余地がないのが欠点という人もあるが，逆に手が加えられないから撮影時のデータが信頼できるという利点もあるわけだ．

データ用の試しどりは，まずリバーサルフィルムをつかってみよう．ネガカラー，白黒フィルムでの試しどりは，撮影時のデータだけでなく，現像やプリント時のデータに左右されることも忘れてはならない．

●フィルムは 感度の高いものを

使用するフィルムの感度が高いほうが，より多くの星を写しとることができる．

フィルムの感度は外箱に印刷されている．フィルムの感度表示はJIS，ASA，DINなどがある．JISは日本工業規格，ASAはアメリカ規格，DINはドイツ規格の感度表示．

近年はISO（国際規格）が使われるようになったが，内容はJISやASAとほとんど同じ．

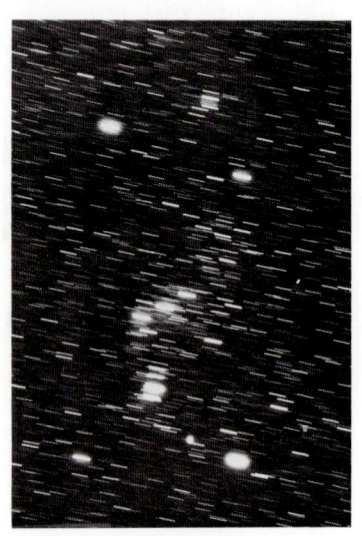

「オリオン座」
70mm，露出5分，絞り開放（F/2），トライX．

いま市販されていて簡単に手に入れられる高感度フィルムに，ＩＳＯ400のものがある．これくらいの感度なら，通常の昼間の撮影と兼用できるので便利だ．

●どれくらいの範囲がうつるか

見える範囲を視野，写真に写る範囲を写野という．

写野は，使用するレンズの焦点距離とフィルムのサイズで決まる．焦点距離が短いほど広く，当然フィルムが大きいほど広い写野がえられるのだが，目的の星座が一枚のフィルムの中にはいるかどうかを知るために，自分のカメラの写野くらいは頭に入れておくことにしよう．

写野の大きさは，画面のタテ，ヨコ，あるいは対角線の角度（画角，写角）で表わすが，一般に対角線の画角をつかう．

35ミリ版のカメラで，標準レンズ（50ミリ）を使った時の画角は46°（対角線）ある．星図をみるとわかるが，画角46°はかなり広くて，オリオン座ぐらいは苦もなくのみこんでしまう．

自分の星図にあわせた画角マスクをつくって，撮影前にあらかじめ構図について検討しておくといい．

35ミリフィルムとレンズの焦点距離と画角	
レンズの焦点距離	対角線の画角
28mm	75°
35mm	63°
50mm	46°
85mm	28°
135mm	18°

「オリオン座」撮影：本多康郎
50mm，露出5秒，絞り開放（F/2），トライX．

「のぼるオリオン」撮影：牛見正則
35mm，露出2分，絞りF/2.8，ネオパン400．

● 線になった星もわるくない

　固定カメラ撮影法で露出時間を長くとると、星は線になる。

　星座の写真は、星がかならずしも点像でなくてもいい。線になった星もまた魅力的である。

　昇る星座、沈みつつある星座、大空をまわる星座など、線になった星像でなければ表現できない情景もある。

　もちろん、赤道上（赤緯0°）の星がもっとも長く、天の北極（赤緯＋90°）に近い星ほど短い線になる。天の北極付近の星を線にするにはかなり長い露出時間が必要だが、北極星をまん中に何重にもとりまく星の同心円はみごとだ。

　線になった星を写すための露出時間は、晴天で星さえでていれば、何時間という長時間の露出だって可能だ。冬至の頃、条件にめぐまれれば12時間露出に挑戦することだってできる。

「線になったオリオン座」撮影：興津久行　　50mm．露出45分．絞りF/2.8．トライX．

● 空の明るさできまる 露出時間の限界

都会の星空を撮影するとき,露出時間を長くとりすぎると,空全体が明るく写って星の姿がかき消されてしまう.

都会の空でなくても,長時間露出をすると,夜光や黄道光,あるいは薄明などの影響で,バックがやはり全体に明るく露光されて(カブリ)しまう.

フィルムのカブリをさけるための方法は二つ,一つは露出時間をきりつめる方法,もう一つは絞りを開放にしないで適当に絞りこんでつかう方法である.

露出時間をきりつめれば,星の日周運動を写すことはできないし,絞りこんだら暗い星が写らない.目的によって,そこはうまく使いわけなければいけない.

例えば,北極星を中心にした日周運動の10時間〜12時間露出に挑戦するような時は,どんなに暗い空でもF8〜16くらいに絞らないとカブッてしまう.暗い星をかなり犠牲にしなければならないがしかたがない.

都会の空では? 田舎の空では? 都会の周辺の空では? どの程度の露出で,どの程度のカブリがあるかは,いろいろデータを変えて撮影してみなければわからない.

カラーで撮影するときは,バックがある程度カブッたほうが,美しい色になっていい絵になることもあるし,絞りこんだおかげで星像がシャープになって気持ちのいい絵になることもある.

「プレアデス星団」
都会に近い郊外.月令7.
(上)露出1分.絞り開放 (F/2)
(下)露出3分.絞り開放 (F/2)

月明りを利用すると地上の景色がうまくうつる

「ススキとおうし座」50mm・絞り開放（F/2）
・フジクローム400

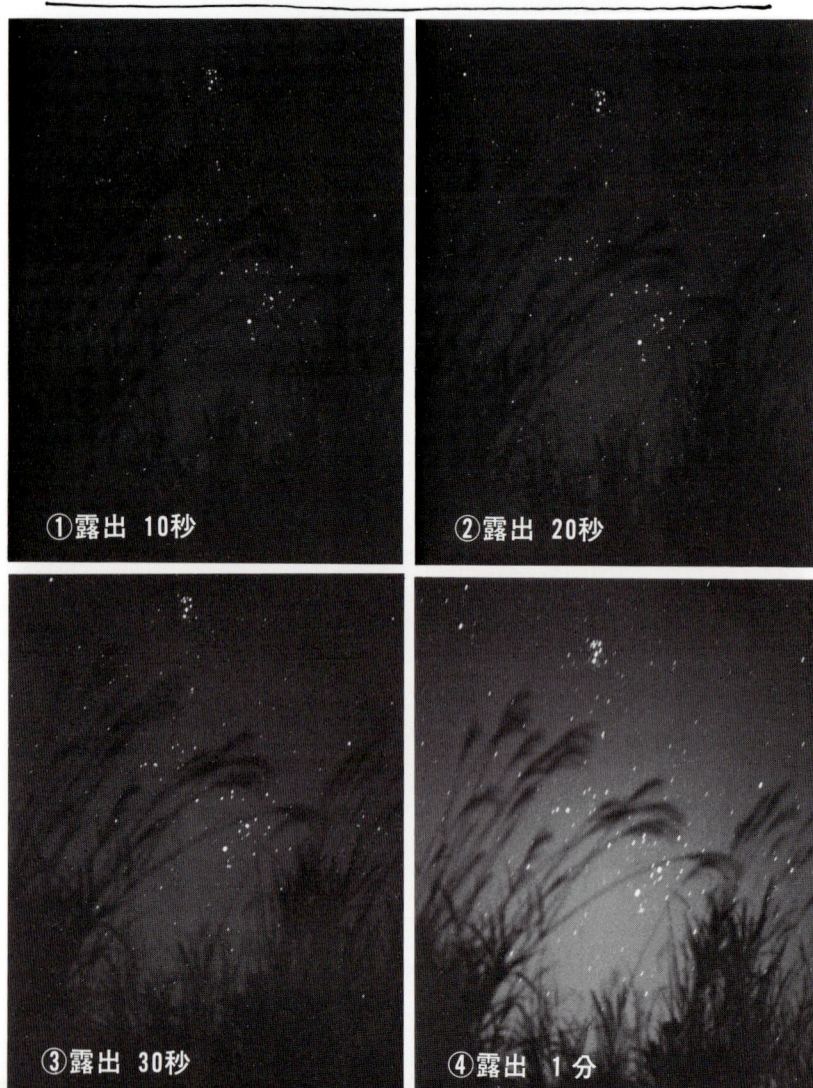

① 露出 10秒
② 露出 20秒
③ 露出 30秒
④ 露出 1分

月を背にして露出をいろいろかえて撮影してみました

⑤露出 2分

⑥露出 4分

⑦露出 6分

※カメラとタトに あったほうがいい撮影器材

●三脚は しっかりしたものを

理想をいえば，三脚は頑丈なしっかりしたものがいい．長時間の露出をすることがあるので，すこしぐらいの風でカメラがぶれるようなひ弱な三脚はのぞましくない．

暗闇で使うことが多いので，カメラの向きを，できるだけ簡単に，自由にかえられる使いがってのいいものをえらびたい．

ただし，旅にでるときの携帯用としては，この種の三脚は少々大きすぎるし，重すぎる．旅の三脚は，折りたたんで旅行かばんの中にいつも入れっぱなしにして，少しも気にならないほど，小型で軽量なものがのぞましい．

旅先でおもいがけずすばらしい星空にであった時，三脚をもっていなくてくやしい思いをすることがあるはずだ．こんな時はカメラを直接置ける適当な場所をさがして，木ぎれや石をつかってカメラの向きを調節する，といった原始的な手をつかうことになる．運よくかっこうの場所と適当な石っころが見つかれば，これでも一応の目的は達せられるだろう．そして，三脚という文明の利器がいかに役立っているかを，おもいしらされるにちがいない．

固定撮影法では，三脚はあったほうがいい器材というより，ないと困る器材というべきだろう．

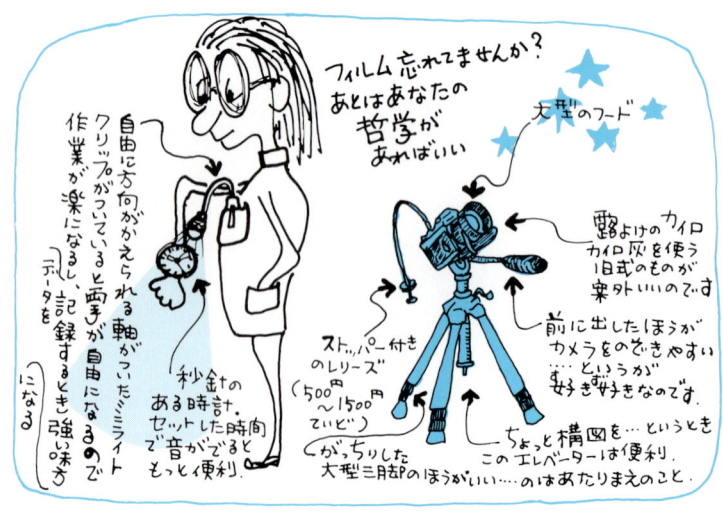

● レリーズは ストッパー付きを

　長時間露出をするとき，シャッター目盛のB（バルブ）をつかう．Bにセットすると，シャッターボタンを押している間だけシャッターが開いて，押すのをやめると閉まるわけだが，直接指で長時間押し続けるのはありがたくないし，ブレの原因となったりする．

　ストッパー付きのレリーズを使えば，自動的にシャッターボタンをストップさせてしまうので，露出時間中はレリーズまかせでいいし，それにカメラブレを防ぐこともできる．露出を終るときは，ストッパーのロックをはずしてやればいいのだ．もちろんワンタッチでできる．

　安いものなので，レリーズを一本手に入れられることをぜひおすすめしたい．

● 時計は 秒針のあるものを

　撮影の時刻を記録するためにも，露出時間を知るためにも，時計を一つ用意したい．秒単位の読みとりができれば腕時計で十分だ．

　私はダイバー用の腕時計をつかっているが，文字盤や針に夜光塗料がぬってあって，暗いところで見やすい点，たいへん気にいっている．

　ちかごろ，いろいろ便利な時計がでていて，逆算タイマーのついたものがある．露出の予定時間をセットしてスタートさせると，露出終了時刻をピーピーピーと音で知らせてくれるわけだ．星の写真撮影はいつも夜の作業になるので，音で知ることができるのはとてもありがたい．もちろん，撮影前にいちいちセットしなければいけないのだが….

　何枚も連続で撮影するとき，時計をセットしたり，秒針が0にもどるのを待つのがめんどうなので，露出時間を，50秒，1分50秒，2分50秒というように50秒で終るようにきめている人がいる．露出を終えたら，10秒間でフィルムをまいて，次の露出の準備を完了するのだ．そうすると次の露出の開始時刻は，いつも秒針が0（12時をさす）から出発するからだとか．

こんなステキな
時計係があれば
万全なのですが….

「オリオン座」撮影:本多康郎
24mm. 露出5分. 絞り開放(F/2). サクラカラー400.

●照明装置には一工夫がほしい

時計の読みとりだけでなく、カメラの絞り目盛やシャッター目盛を確認したり、フィルムをつめかえたり、星図をみたり、あるいは撮影時刻や露出時間を記録したりするとき、照明器具はなくてはならない。

小型の懐中電燈を使うのだが、少々手を加えたほうがいい。

まず、明るすぎる点だ。時計や星図を見たあと、星がとても見づらくて、しばらく目がなれるのを待たなければならない。したがって、使用する懐中電燈はできるだけ目をしげきしないように減光して使えるよう工夫する必要がある。

電球かレンズの前を赤セロファンか、赤いビニールテープでおおうという手がよくつかわれる。赤色は目に対する刺激が弱いからだ。

ハンカチやティシューを何枚かかさねて電球の前をおおうという手軽な手もある。わゴムとかセロテープなどでとめておけばいい。

いずれにしても、照明を使うのは最少限にとどめて、作業はできるだけ照明なしでできるように、簡素化を工夫するか、明るい内に準備しておくといい。

さて、もう一つ気にいらない点は照明中片手の自由をうばわれてしまうことだ。

必要があればいつでも両手があけられるよう、カメラの三脚か、衣服や体のどこかにとめられるように工夫すると、より快適な撮影ができるはずだ。

私は最近おもしろいライトをみつけて、それがたいへん気にいって使っている。魚釣り（夜釣り）用につくられたものらしいが、クリップと自由に首が振れるフレキシブルな支持軸つきのミニライトで、胸のポケットにクリップでとめると、両手が自由になって作業がたいへん楽になる。

ちかごろ、キーホルダーにくっついたミニミニライトが何種類か売られている。片手の中に入ってしまうほど小型で軽いので、これもたいへんあつかいやすく便利だ。ゴムベルトをつけて腕時計のようにとりつけられるようにするか、ネクタイピンのようなクリップとドッキングさせる工夫をするといい。

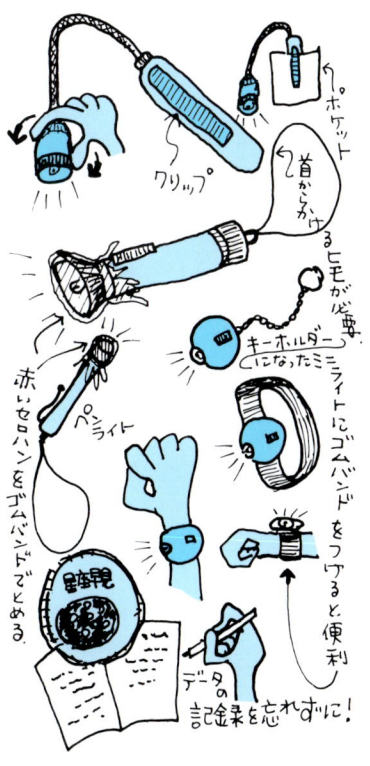

●星座早見と星図あるいは星座博物館を参考に

目的の星座が何時ごろ，どのあたりにあるか？　ここでカメラをかまえたらどんな星座があの山の上にあらわれるか？　目的の星座がのぼるときのかたむきは？　など，ちょっと知りたい時のために，つかいなれた早見盤や星図，あるいはこの星座博物館シリーズを携帯すると便利だと思うがいかが？

●フードはもちろんあったほうがいい

レンズの前につけるフードは，もちろんあったほうがいいし，写野をさえぎらないかぎり大きいほうがいい．

フードをつけるのは，余計な光がレンズにあたらないよう防ぐことはもちろんだが，もう一つ，レンズに夜露がつくのをいくらかでも防ぐことができるからだ．

夜になって空気が冷えると，空気中の水蒸気が飽和状態になるので，同じように冷やされた空気中のちりや，草や木の葉，自動車の屋根や窓など，その空気にふれたものに手あたりしだい水滴になってくっつくのだ．もちろん，撮影中のカメラやレンズも例外ではない．

レンズの露に気づかず何枚も撮影して，現像してみたらボケボケなんていう目にあわないようにしたい．

既製のフードに，手製のボール紙のフードをつぎたして，内側に吸取紙をはるといくらかはいいはずという人もある．

さらに積極的に夜露退治をするためには，レンズに風を送って発散させるか，レンズを冷さないようにすることだ．だからといって撮影中バタバタとうちわであおぐというのもあまり優雅ではない．それよりも，自作の大型フードにカイロをとりつけて，レンズ前面を温める手をおすすめしたい．

カイロは布でくるんで，ベルトでフードにまきつけてくっつければいい．ベルトは幅広のゴムベルトをつかって，両はしにマジックテープを張りつけておくと，簡単に止めたりはずしたりできるので便利だ．

カイロ灰のもちの良否はメーカーによっていくらか差があるようだから，いろいろ使いくらべてみるといい．火をつかわないで，もみほぐすだけで暖かくなる，使い捨てのインスタントカイロが売り出されているが，レンズを温めるためには少々力不足．

●スポーツファインダーがあれば便利だけど

いざ撮影というとき，まずファインダーをのぞいてピントをあわせ，構図をきめる．ピントはもちろんいつも無限大（∞マークにあわせる）でいいわけだが，構図の決定については，慣れるまでかなり不便を感じるはずだ．

星が暗すぎて，星座のどの範囲がどんな傾きで，構図の中にはいっているかがよくわからないからだ．

動きの激しいスポーツを撮影するときにつかわれるスポーツファインダーは，肉眼でみたまま構図がきりとれるので，星座写真の撮影にも適している．ところが，いま多くの人につかわれている 35 mm 版のカメラ

は，ほとんどが一眼レフ方式となって必要とする人がいなくなったので既製品は売られていない．凝り性な人は自作してみてはどうだろう．針金細工でできるので，それほどむずかしい工作ではない．

ところで，かくいう私はスポーツファインダーなるものは使ったことはない．

画面の一部に地上の景色をとりいれるので，画面のかたむきも，きりとった画面の範囲も，景色から大体見当がつけられるし，すこし慣れるとファインダーの中に微かに見える輝星の配置でも見当がつけられるからだ．

なにはともあれ，あなたのカメラを星に向けて，シャッターをきることだ．"習うより慣れよ"これ星座写真術の極意なり…である．

「池の中の星」撮影：土井尚吉
露出15分，絞り開放（F2.8）エクタクローム400．

「オーロラと記念写真」
24mm，露出20秒とフラッシュ，絞り開放（F1.4），フジクローム1600

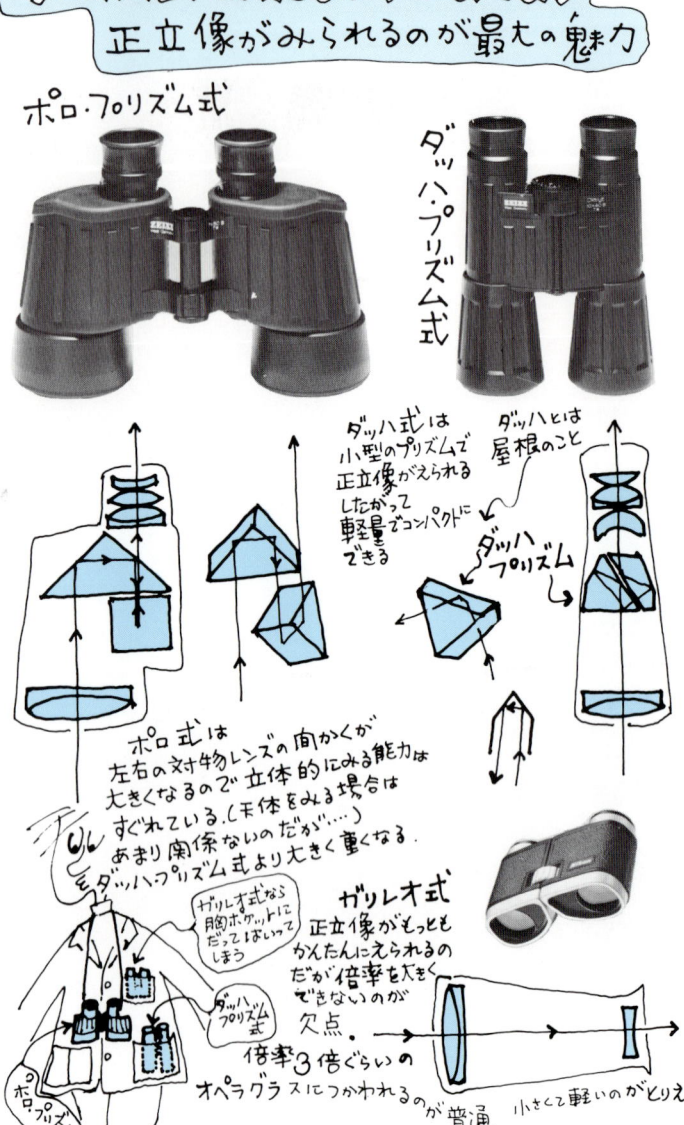

中プ

双眼鏡といえども手もちでつかうより
できれば"三脚"にとりつけてつかいたい
7×50の双眼鏡をつかって星を見たら
(倍)(口径50ミリ)
しっかりささえたつもりでも手もちでは
こんなにゆれてしまった。

三脚へのとりつけ金具は市販されている

ちょっとひじをささえるだけで
ずいぶん楽になる

20倍くらいの低倍率で
みられる範囲

双眼鏡で見える範囲はほぼこれくらい

おうし

双眼鏡なら
ヒヤデス星団が
視野の中にすっぽり
全部おさまって
しまう

0.5°

倍率80倍〜100倍にすると視界は
これくらいせまくなる

天体望遠鏡をつかって40倍〜50倍で
みたときの視界

視野の直径5°

35

ギリシャ文字のアルファベット

α	Alpha	アルファ
β	Beta	ベータ
γ	Gamma	ガンマ
δ	Delta	デルタ
ε	Epsilon	エプシロン
ζ	Zeta	ゼータ
η	Eta	エータ
θ	Theta	セータ（シータ）
ι	Iota	イオタ
κ	Kappa	カッパ
λ	Lambda	ラムダ
μ	Mu	ミュー
ν	Nu	ニュー
ξ	Xi	クシ（クサイ）
ο	Omicron	オミクロン
π	Pi	ピー（パイ）
ρ	Rho	ロー
σ	Sigma	シグマ
τ	Tau	タウ
υ	Upsilon	ユプシロン（ウプシロン）
φ	Phi	フィー（ファイ）
χ	Chi	キー（カイ）
ψ	Psi	プシー（プサイ）
ω	Omega	オメガ

●いもづる式 冬の星座のみつけかた

しらのまき

冬のよい空は、"オリオン座"を中心にうまくまとまっている。したがって、オリオン座さえ見つけられれば、あとは簡単。上下左右、いもづる式にたどればいい。

冬のよい空は1等星以上の輝星も多い。オリオン座に2、おおいぬ座に1、こいぬ座に1、おうし座に1、ぎょしゃ座に1、りゅうこつ座に1、そして、ふたご座に1（1.6等星のカストルを1等星にかぞえると2）と、冬の夜空は9個の1等星で豪華けんらんである。なかでも、おおいぬ座のシリウスは、全天一の最輝星だから、ひときわ明るく人目をひく。

おおいぬ座のシリウス、こいぬ座のプロキオン、オリオン座のベテルギウス、の三つを結んでできる三角形はほぼ正三角。"冬の大三角"と呼ばれ、これもまた冬の星座めぐりの見どころの一つ。

●**オリオン座**は、12月の宵にま東からのぼり、2月のよいにま南、そして、4月のよいにはま西に沈む。

三つの2等星がよこに並んだ有名な"三つ星"と、それをかこむ"四辺形"、しかも四辺形の対角線上には二つの1等星（α星とβ星）が輝く。それだけではない、α星（ベテルギウス）は赤く、β星（リゲル）は白く輝くというおまけまでついている。

ま東からのぼるのは、オリオン座が赤道のま上にあるからだ。南中したオリオン座の高度hは、h＝90°−（観測地の緯度）で求められる。北緯35°でみるオリオンの南中高度は55°。赤道では天頂。

●**おうし座**の主星**アルデバラン**は、オリオンの三つ星を西にのばしたところで輝いている。

アルデバランを含めて、V字形をつくる微光星の群れは**ヒヤデス星団**で、オウシの顔をあらわす。さらに西へのばすと、もっとこじんまり集まった**プレアデス星団**がみつかる。

アルデバランとε星はオウシの目をあらわすが、この2星を結んで東へのばすと、オリオンの三つ星がみつかる。

●**ぎょしゃ座**はおうし座の頭の上にできる五角形をさがそう。

おうし座のV字形をそのまま先にのばすと、オウシの角にあたるζ星とβ星がある。左の角にあたるβ星をつかって、大きな五角形ができるだろう。

五角星の中でひときわ明るい1等星は**カペラ**だ。

37

オリオン座が南中するとき，ぎょしゃ座はほぼ天頂にのぼる．
●きりん座は，かなり大きい星座だが，目だった星がまるでないので，キリンの姿はわからない．ぎょしゃ座と北極星にはさまれた空白部分がきりん座だ．
●おおいぬ座の主星シリウスは，オリオンの三つ星を東にのばすと簡単にみつかる．シリウスはオオイヌの頭部にあたる．小さな直角三角形がオシリとシッポ．
●おおいぬ座の前(西)にウサギがにげる．ウサギはオリオン座の大きな足で踏まれてしまった．オリオン座の下(南)に，めだたない小さなうさぎ座がある．そして，その下にもっと小さくめだたないはと座がある．
●うさぎ座の前(西)に流れる川がエリダヌス川だ．オリオンの足もとから，くねくねと地平線の下まで続くエリダヌス座は，アケルナルという1等星で終るのだが，この川の果ての輝星は南の地平線の下にかくれてみえない．
●おおいぬ座の上にこいぬ座のプロキオンが輝く．

シリウスとベテルギウスとプロキオンを結んでできる正三角形は，"冬の大三角"で有名．冬の天の川にまたがっている大三角の中には，輝星が一つもないが，いっかくじゅう座という珍しい星座がある．
●こいぬ座の上(北)にふたご座がある．なかよく並んだカストルとポルックスが人目をひく．古くから兄弟星，めがね星，めだま星など，二つを一対にみた呼名が多い．
●おおいぬ座の東から南にかけてはとも座，とも座の東にらしんばん座とほ座，とも座のさらに南には，ほとんど地平線の下に姿をかくしたりゅうこつ座がある．昔，このあたりは"アルゴ座"という大きな船の星座だった．大きすぎて4分割されたのだが，どれもはっきりした星列をもたないので，このあたりといったとらえかたしかできないが，りゅうこつ座の主星カノープスだけははっきり認められる．おおいぬ座が南中するころ，オオイヌの前足(β星)と後足(ζ星)を結んでまっすぐ下へのばしたところに，全天第2の輝星がみつかるだろう．

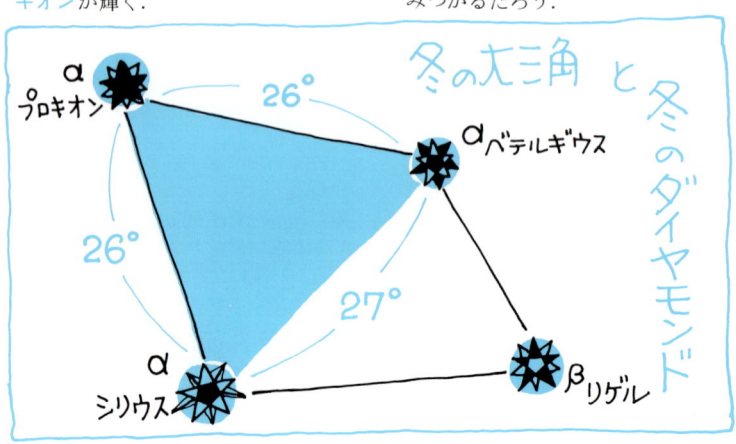

冬の大三角 と 冬のダイヤモンド

α プロキオン — 26° — α ベテルギウス
26°
27°
α シリウス — β リゲル

冬のよい空

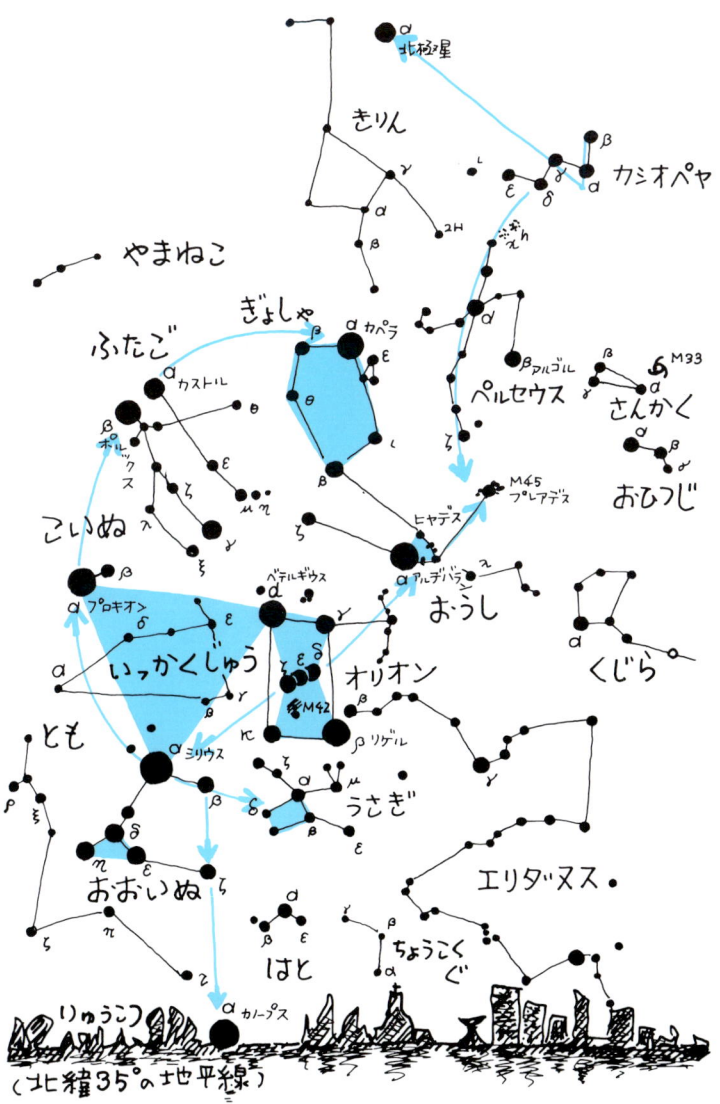

(北緯35°の地平線)

エリダヌス座 (日本名)

ERIDANUS
エリダヌス (学名)

エリダヌス座の みりょく

年の暮れがちかづくと，星のまたたきまでが忙しくなる．

南東の空にのぼったオリオンの赤星（ベテルギウス）と白星（リゲル）が，大みそかの"紅白輝き合戦"にそなえるころ，オリオンの足もとから，長い長いたれ幕がおりて南の地平線にとどく．

たれ幕になんと書いてあるのだろう？"祝紅白輝き合戦""フレーフレー・オリオン"それとも"今年よさようなら，来年よこんにちは"あるいは"ここはエリダヌス座でーす"だろうか．

エリダヌスは，神話にでてくる川の名前だが，オリオンの足から流れでたエリダヌス川は，大きくうねりながら南の海にそそぐ．

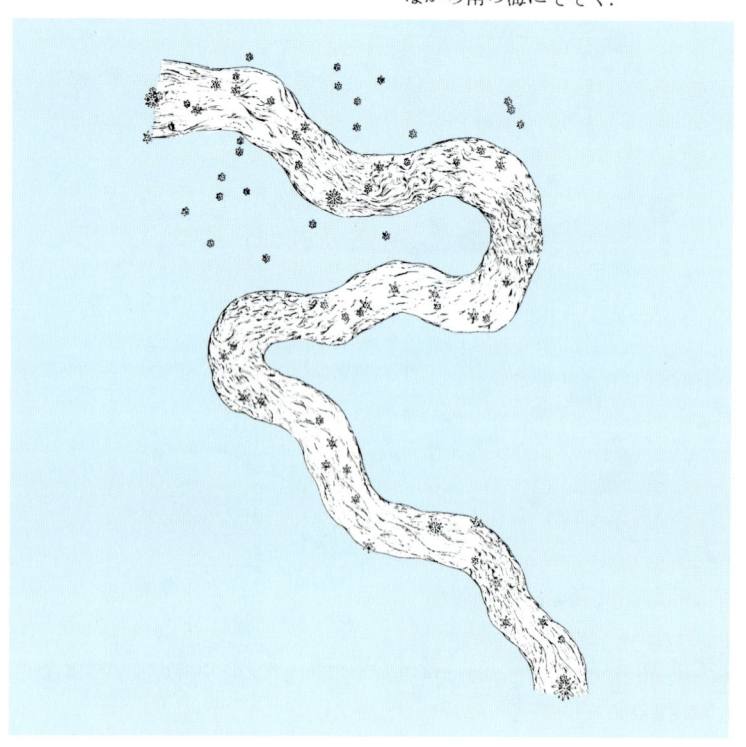

41

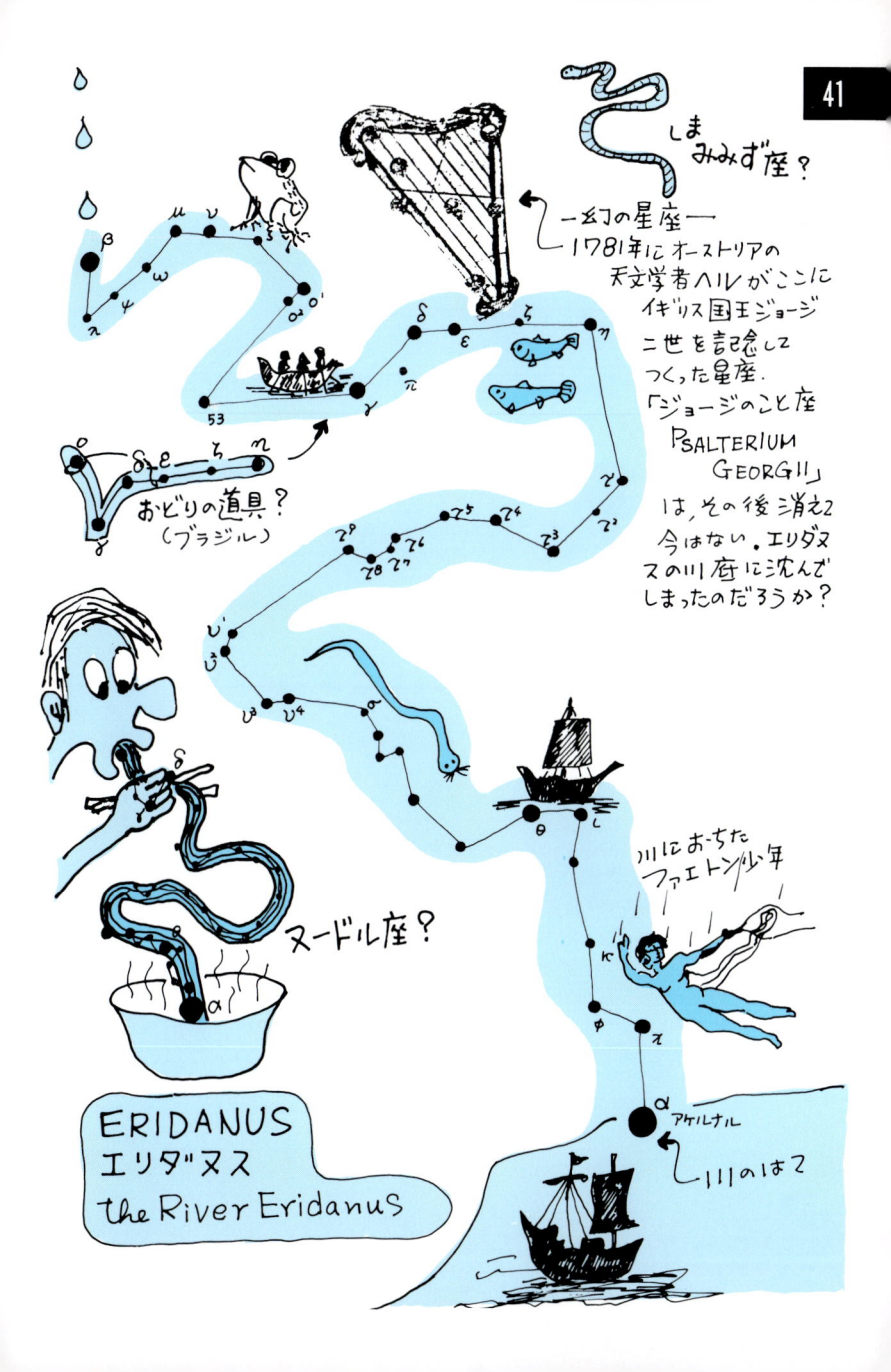

しまみみず座？

―幻の星座―
1781年にオーストリアの天文学者ヘルがここにイギリス国王ジョージ二世を記念してつくった星座.
「ジョージのこと座 PSALTERIUM GEORGII」は,その後消えて今はない.エリダヌスの川底に沈んでしまったのだろうか？

おどりの道具？
(ブラジル)

ヌードル座？

川におちたファエトン少年

α アケルナル
川のはて

ERIDANUS
エリダヌス
the River Eridanus

エリダヌス座の星々

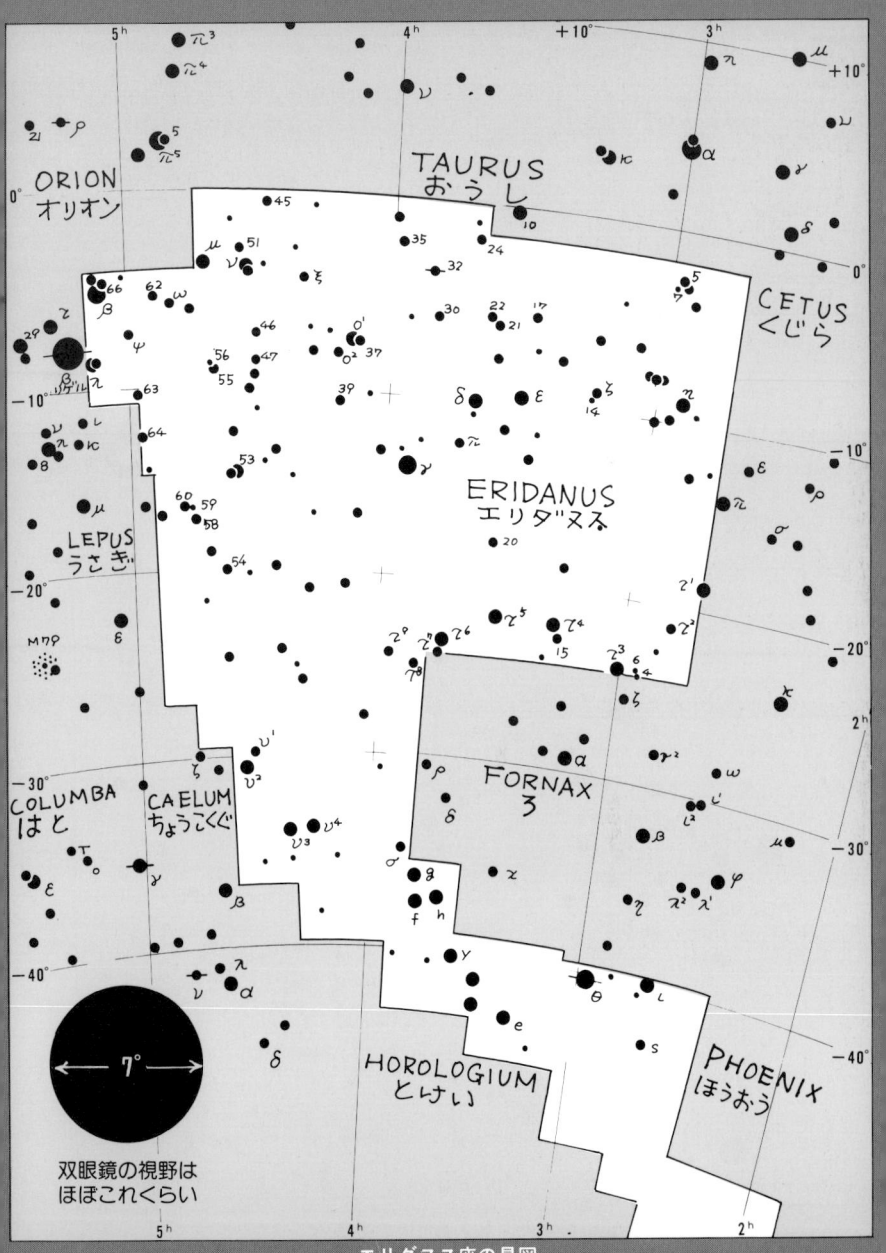

エリダヌス座の星図

エリダヌス座の みつけかた

エリダヌス座は、オリオン座の足に輝くβ星（リゲル）のすぐ右（西）から、ウネウネと3等星以下のめだたない星の列をたどればいい．

おそらく、最初は星図と首っぴきで一つずつたどらなければ、川が海に注ぐところを見とどけることはできないだろう．途中で遭難して、西のくじら座に助けられるか、それとも、出発点にひきかえすか、といったことになる．

小型の双眼鏡を片手に、伝説の川"エリダヌス下り"と、しゃれてみることにしよう．

川のはてに"アケルナル（川の果て）"と呼ばれる1等星があるのだが、低すぎて、日本では奄美大島あたりでやっと地平線スレスレにみえる．残念ながら日本のほとんどの地域で、川の果ての美星をみることはできない．

エリダヌス座の日周運動

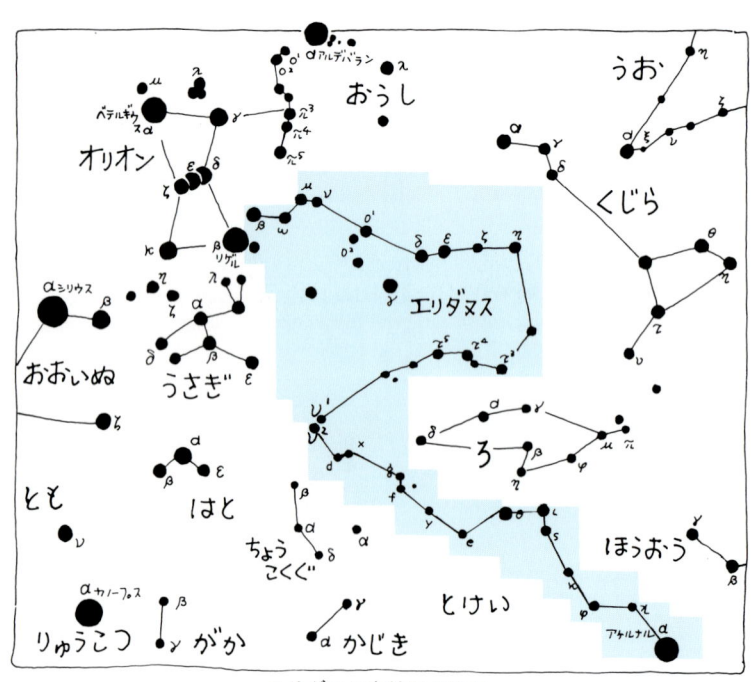

エリダヌス座付近の星座

エリダヌス座を見るには (表対照)

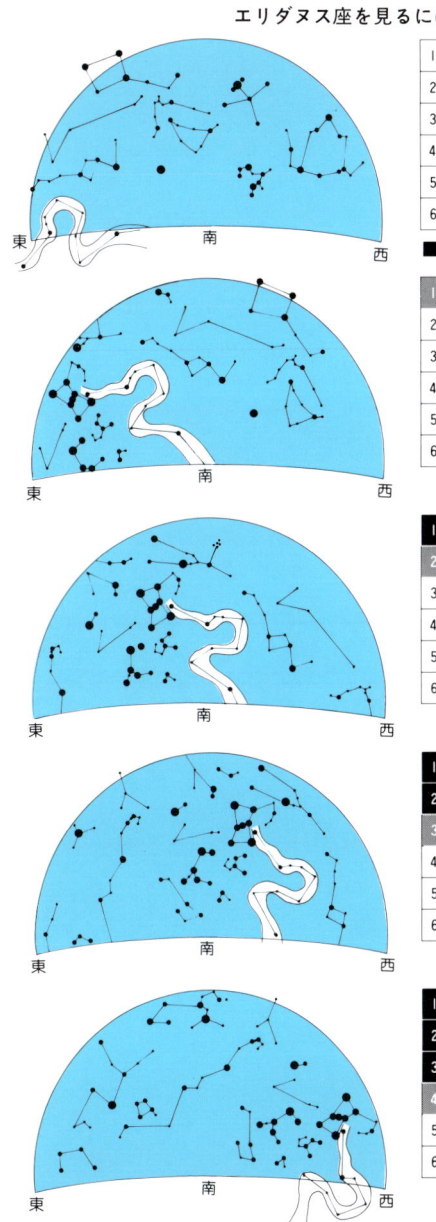

1月1日ごろ	16時	7月1日ごろ	4時
2月1日ごろ	14時	8月1日ごろ	2時
3月1日ごろ	12時	9月1日ごろ	0時
4月1日ごろ	10時	10月1日ごろ	22時
5月1日ごろ	8時	11月1日ごろ	20時
6月1日ごろ	6時	12月1日ごろ	18時

■は夜, ▨は薄明, □は昼.

1月1日ごろ	18時30分	7月1日ごろ	6時30分
2月1日ごろ	16時30分	8月1日ごろ	4時30分
3月1日ごろ	14時30分	9月1日ごろ	2時30分
4月1日ごろ	12時30分	10月1日ごろ	0時30分
5月1日ごろ	10時30分	11月1日ごろ	22時30分
6月1日ごろ	8時30分	12月1日ごろ	20時30分

1月1日ごろ	21時	7月1日ごろ	9時
2月1日ごろ	19時	8月1日ごろ	7時
3月1日ごろ	17時	9月1日ごろ	5時
4月1日ごろ	15時	10月1日ごろ	3時
5月1日ごろ	13時	11月1日ごろ	1時
6月1日ごろ	11時	12月1日ごろ	23時

1月1日ごろ	23時30分	7月1日ごろ	11時30分
2月1日ごろ	21時30分	8月1日ごろ	9時30分
3月1日ごろ	19時30分	9月1日ごろ	7時30分
4月1日ごろ	17時30分	10月1日ごろ	5時30分
5月1日ごろ	15時30分	11月1日ごろ	3時30分
6月1日ごろ	13時30分	12月1日ごろ	1時30分

1月1日ごろ	2時	7月1日ごろ	14時
2月1日ごろ	0時	8月1日ごろ	12時
3月1日ごろ	22時	9月1日ごろ	10時
4月1日ごろ	20時	10月1日ごろ	8時
5月1日ごろ	18時	11月1日ごろ	6時
6月1日ごろ	16時	12月1日ごろ	4時

東経137°, 北緯35°

エリダヌス座の歴史

　エリダヌスは伝説の川の名前であり，川の神の名前でもある．

　オリオン座とくじら座にはさまれたあたりに散在する星々をまとめたのは，おそらくギリシャ時代であろう．エリダヌス座はプトレマイオスの48星座の中に含まれている古典星座の一つだ．

　大きくくねって流れるエリダヌス川は，なかなかの大河である．エジプトではナイル川，バビロニアではユウフラテス川，ローマではポー川，ヨーロッパではドナウ川や，ライン川と同一視されている．日本でなら信濃川か，利根川といったところだろう．

　エリダヌス川の岸辺で美しいこはく（琥珀）がとれたといういい伝えもある．ポー川（パドゥス川）の河口では現実にこはくがとれたそうだ．

　エリダヌス座の伝説「ファエトンの冒険」は「夏の星座博物館」を参照．

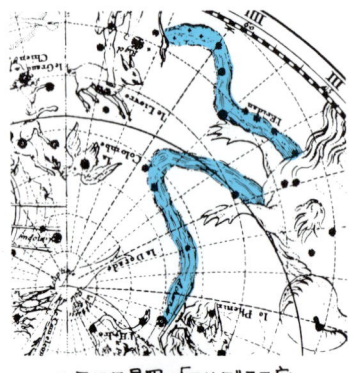

ルモニエ星図の「エリダヌス座」

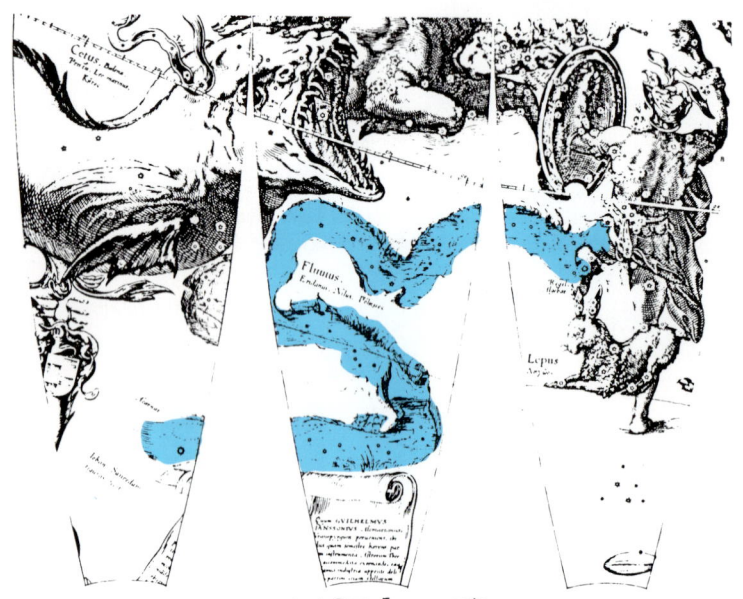

ブラウ星図の「エリダヌス座」

エリダヌス座の星と名前

*α アルファ

アケルナル（川の果て）

アケルナル Achernar は、名前のとおりエリダヌス川の果てに輝く1等星だが、北緯30°以南へ行かないとみられない。

昔、まだ南の空を知らないころ、川の果てはθ星だったらしい。

現在のエリダヌス川が海にそそぐアケルナルは、沖縄か小笠原あたりでみられる。

< 0.6等　B9型 >

*β ベータ

クルサ（足台）

この星はオリオン座のリゲルのすぐとなりにあって、エリダヌス川の源流というか、原点といっていい星である。エリダヌス川はここからはじまってウネウネと南の海にむかって流れるのだ。

クルサ Cursa（足台）という奇妙な呼名は、エリダヌス川とは関係な

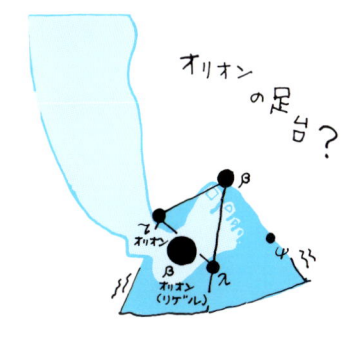

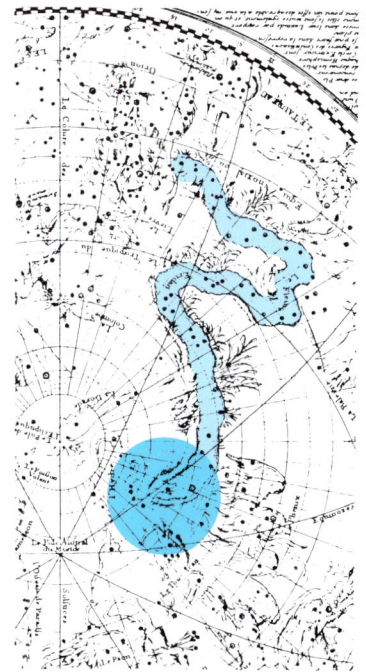

ラファイレ星図の「エリダヌス座」

く、オリオンの足（リゲル）をのせる台という意味なのだ。

もともと、オリオン座のβ星（リゲル）とτ星、そしてエリダヌス座のβ星とλ星を結んでできる四辺形を"オリオンの足台"と呼んだものらしい。

< 2.9等　A3型 >

*γ ガンマ

ザウラク（舟の星）

比較的上流に輝く星だが、なぜこの星がザウラク Zaurak（舟の星）なのかは、よくわからない。

小舟にのって"エリダヌス下り"でも楽しもうというのだろうか。

< 3.2等　M0型 >

✳δ デルタ

ラナ（カエル？）

　ラナ Rana は，ラテン語辞典によれば，カエル，あるいはアンコウの一種とある．

　エリダヌス川の上流にカエルがいてもおかしくはないが，アンコウが川に住んでいるとは聞いたことがない．カエルだとすると，かなり上流なのでカジカの一種かな？と他愛のない想像をしてみるのだが…？

< 　3.8等　　K2型　>

✳ε エプシロン

　δ星と並んでいるカエルの兄弟みたいな星．このあたり，なぜか赤っぽい星が多い．双眼鏡でのぞいてみてほしい．

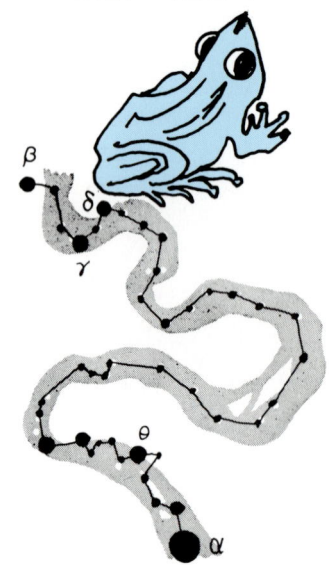

< 　3.7等　　K0型　>

✳η エータ

アズア（ダチョウの巣）

　アラビア人がこのあたりを"ダチョウの巣"にみたてたらしい．アズアまたはアジャー Azha．

　東（左）どなりの o^1, o^2 の2星が"ダチョウの卵"にみたてられた．

　川の果てにあるθ星やα星は，ころげおちたダチョウの卵といったところだ．

< 　4.1等　　K2型　>

✳θ シータ

アカマル（川の果て）

　北緯40°〜50°付近でみるエリダヌス川は，ちょうどこのθ星（アカマル Acamar）が地平線スレスレに輝く．アカマルはアケルナルと同じ川の果てという意味をもつ．

　現在の川の果ては，約10°南にあるので，このθ星のあたりにダムでも建設してはどうだろうか．アカマルあらためダム Dam と名付けたい

< 3.4等−4.4等　A2型−A2型 >

✳ o^1, o^2 オミクロン

ベイド（卵）
キイド（卵のから）

　前記ダチョウの巣のちかくにあるので，これはダチョウの卵だろう．どちらもあまり明るくないので，大きなダチョウの卵という迫力はないのだが．

< o^1　4.1等　F1型 >
< o^2　4.5等　K0型 >

ダチョウのタマゴの目玉焼き？

✳ τ^2 タウ

アルゲテナル
（川のまがり角）

　大きくうねって流れる曲がり角に τ 星がいくつか並んでいる．

　τ^1 から τ^9 まであるが，なぜ τ^2 だけがアルゲテナル Argetenar なのかはよくわからない．おまけに τ^2 星は5等星だから，固有名をもらうほどめだっていない．当時のアラビア人はなにを考えていたのだろうか？この名前，τ 星すべての総称としたほうがなっとくできるのだが．

　τ 星の光度は τ^1 (4.6等)，τ^2 (4.8等)，τ^3 (4.2等)，τ^4 (4.0等)，τ^5 (4.3等)，τ^6 (4.3等)，τ^7 (5.0等)，τ^8 (4.8等)，τ^9 (4.7等)．

中国の星空 エリダヌス座

玉井 ぎょくせい　澄んだ水がでる井戸　うさぎ1

九州殊口　各地の方言にくわしい通訳担当官のこと

九斿 きゅうりゅう　九つの布がついている旗（古代中国は九州にわかれていた）

天苑　天子の庭園（御苑）いろいろ珍しい鳥やけものを飼育している

天園　天の果樹園　天の菜園のこと

水委 水をつかさどる　アケルナル ほうおう9　ほうおう6

2 おうし座 (日本名)
TAURUS (学名) タウルス

おうし座の みりょく

　おうし座は愉快な星座だ.

　血ばしった赤い目をして,うしろのオリオンをにらみながら,なんとオシリからのぼる.

　10月のよいに,はやくも東からオシリの一部"プレアデス星団"がみえはじめ,続いて"ヒヤデス星団"と主星アルデバランがつくるオウシの顔がつづく.

　こん棒をふりあげた宿敵オリオンがのぼる12月,オウシの赤い目はいっそう輝きを増し,その鋭い視線がオリオンへの闘志を感じさせる.

　オウシとオリオンのにらみあいはなんと4月のよいまで続く.そしてそれは,毎年毎年あきもせず,もう何十万年もの昔から,今後いつまで続くものやら… 宿命なのである.

　それにしても,オウシはだらしがない.過去,現在,未来を通じて,オリオンに対してにらみつけるだけで,一度もたち向かうことはない.

　今年のオウシもまた,冬の夜空で後ずさりを続ける.

　ウシの目が赤いのは,オリオンとの対決に興奮したせいでなく,実はつかれ目による充血のせいかもしれない.

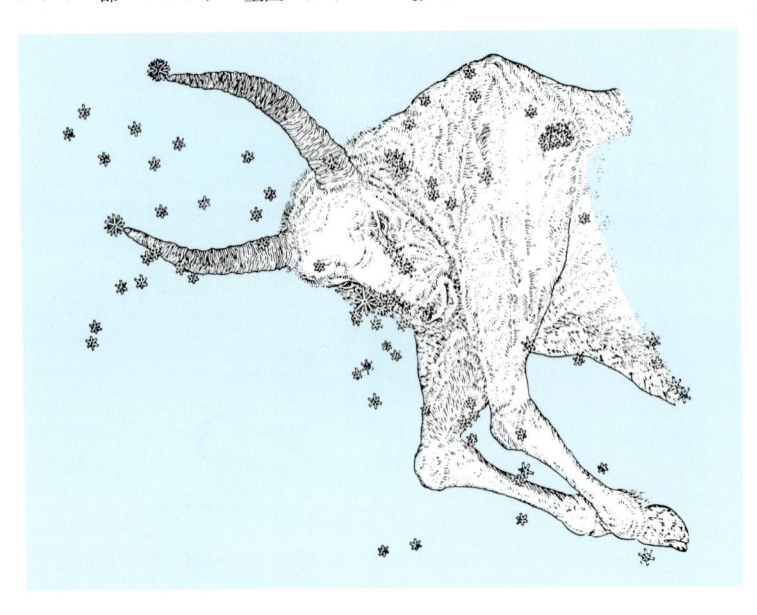

♉ 4月21日〜5月21日生まれ

星占いでは

おうし座生まれの人は
ひかえめ。いつもおだやかで
堂々としている。一度決心すると
がんこに最後までやりとおすタイプ。
少々スローモーなのが欠点。
物や金や人にたいする執着心が
強すぎて失敗することがあるので気をつけよう
知的な職業にむいている……とか?

古代アッシリアでえがかれた
つばさのある牛

TAURUS
おうし
the Bull

おうし座にはうしろ半分がない
うしろの
クジラ座に
たべられてしまった
らしい。

おうし座のめじるしはヒヤデスの
「サインはV」

• M1

M45
プレアデス

ヒヤデス
アルデバラン
α δ γ

ホラ
あの明るい星のちかくに
バランバランに
ちらばった星が「アル」
でしょう

へー だから
アルデバラン?

→ オリオンにたちむかう
オウシ

ヘベリウス星図から

それとも
ウインクする
オウシ?

おうし座の星々

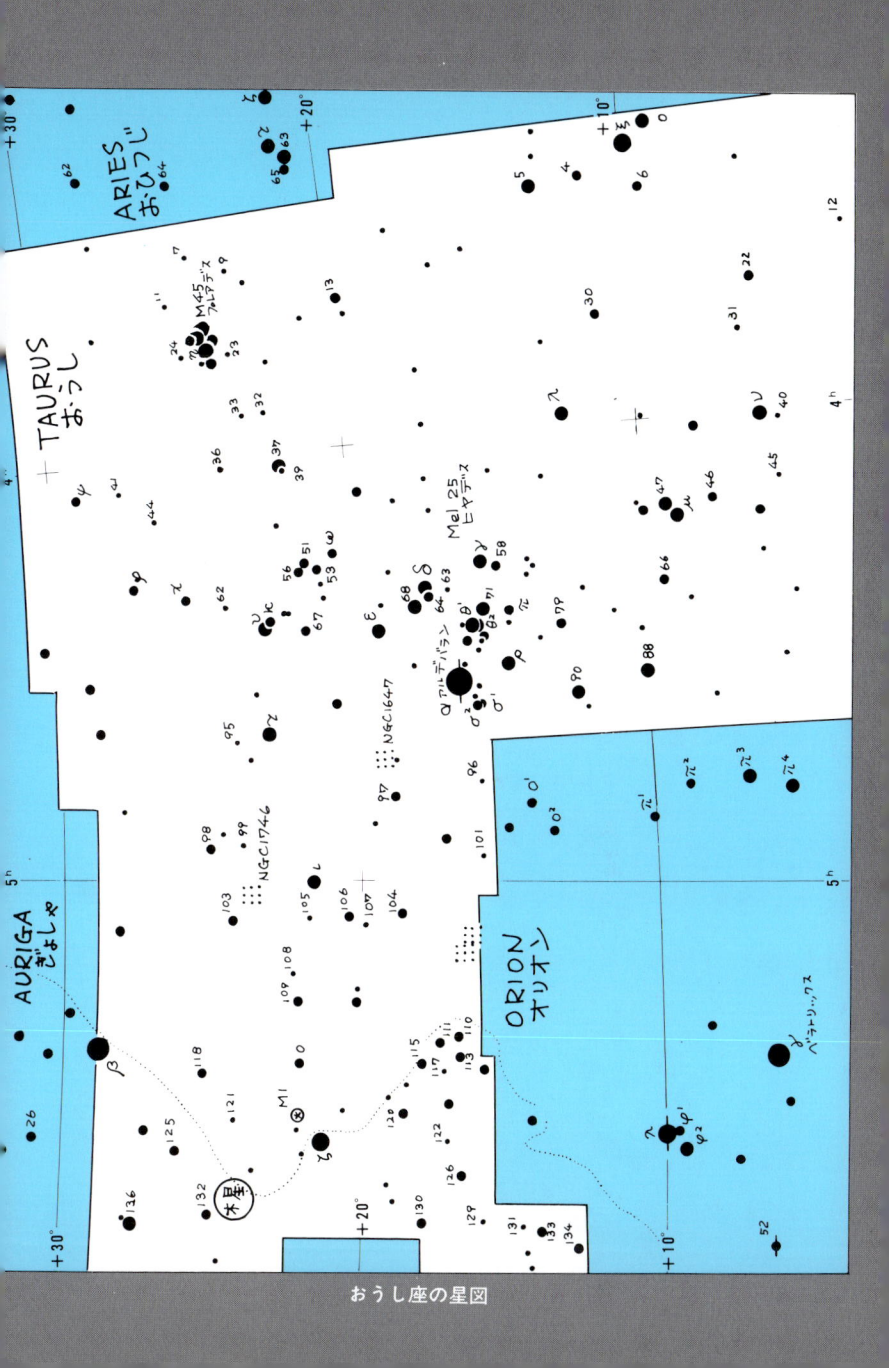

おうし座の星図

おうし座の みつけかた

おうし座の目じるしは、主星アルデバランとヒヤデス星団がつくるVサインと、プレアデス星団だ。

東からのぼるときのおうし座は、まずプレアデスの星の群れが姿を見せ、その真下から釣り上げられるようによこ向きの▷サインが続く。

南中したおうし座は、オリオンにむかいあったオウシを想像すればいい。オリオンの三つ星をそのまま西（南中時なら右上）へのばすと、いやでもオウシのVサインが発見できる。さらにのばして、プレアデスをみつけるのもむずかしくない。

おうし座からプレアデスとヒヤデスをとりのぞくと、おうし座がなくなってしまう。プレアデスとヒヤデスあってのおうし座である。

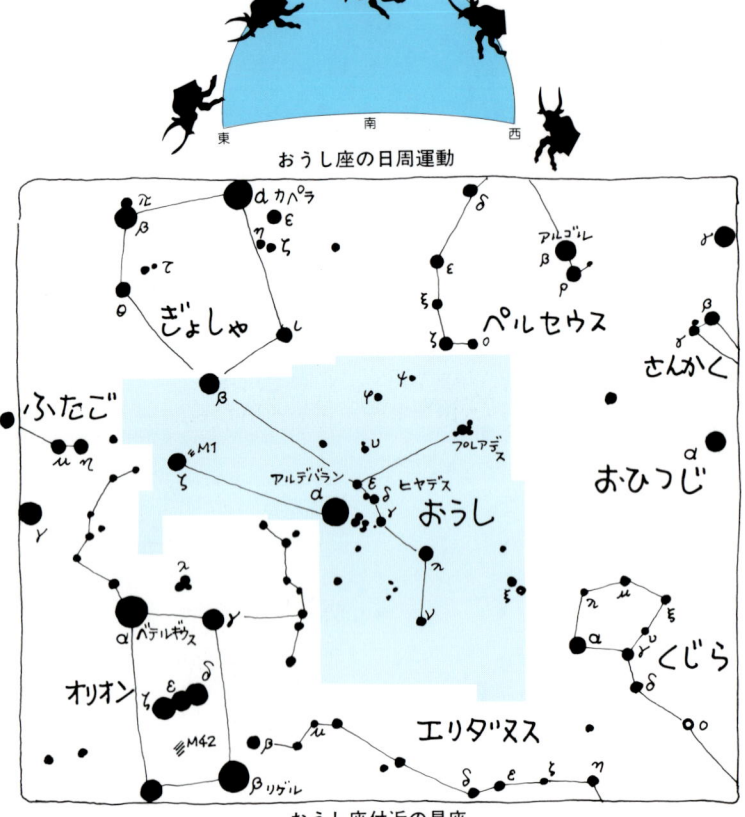

おうし座の日周運動

おうし座付近の星座

おうし座を見るには（表対照）

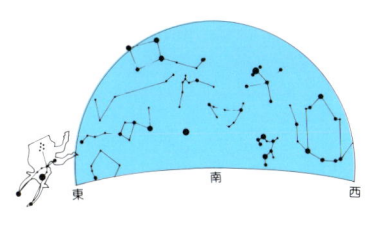

1月1日ごろ	15時	7月1日ごろ	3時
2月1日ごろ	13時	8月1日ごろ	1時
3月1日ごろ	11時	9月1日ごろ	23時
4月1日ごろ	9時	10月1日ごろ	21時
5月1日ごろ	7時	11月1日ごろ	19時
6月1日ごろ	5時	12月1日ごろ	17時

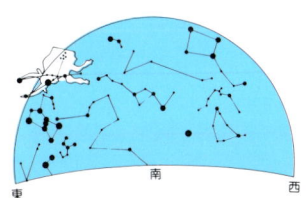

■は夜，▨は薄明，□は昼．

1月1日ごろ	18時30分	7月1日ごろ	6時30分
2月1日ごろ	16時30分	8月1日ごろ	4時30分
3月1日ごろ	14時30分	9月1日ごろ	2時30分
4月1日ごろ	12時30分	10月1日ごろ	0時30分
5月1日ごろ	10時30分	11月1日ごろ	22時30分
6月1日ごろ	8時30分	12月1日ごろ	20時30分

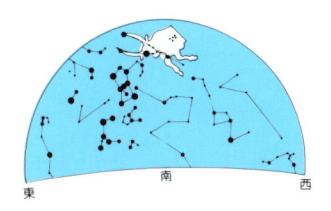

1月1日ごろ	22時	7月1日ごろ	10時
2月1日ごろ	20時	8月1日ごろ	8時
3月1日ごろ	18時	9月1日ごろ	6時
4月1日ごろ	16時	10月1日ごろ	4時
5月1日ごろ	14時	11月1日ごろ	2時
6月1日ごろ	12時	12月1日ごろ	0時

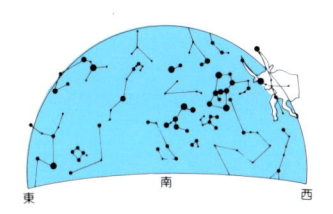

1月1日ごろ	1時30分	7月1日ごろ	13時30分
2月1日ごろ	23時30分	8月1日ごろ	11時30分
3月1日ごろ	21時30分	9月1日ごろ	9時30分
4月1日ごろ	19時30分	10月1日ごろ	7時30分
5月1日ごろ	17時30分	11月1日ごろ	5時30分
6月1日ごろ	15時30分	12月1日ごろ	3時30分

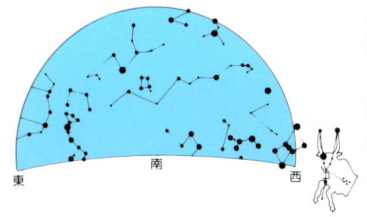

1月1日ごろ	5時	7月1日ごろ	17時
2月1日ごろ	3時	8月1日ごろ	15時
3月1日ごろ	1時	9月1日ごろ	13時
4月1日ごろ	23時	10月1日ごろ	11時
5月1日ごろ	21時	11月1日ごろ	9時
6月1日ごろ	19時	12月1日ごろ	7時

東経137°，北緯35°

おうし座の歴史

おうし座は古い古い古典的星座である.

あのみごとなVサインを見のがすわけにはいかないし,ちょうどここは黄道にあたるので,昔から太陽をはじめ月や惑星たちが忙しく往来したわけで,いやでも注目せざるをえないところであった.いうなれば,古くから栄えた黄道十二次の宿場町といったところ.

東海道五十三次は日本橋を振り出しに旅に出た.なんとおうし座はいまから4~5千年前,黄道十二次の日本橋であった.

現在,太陽の黄道上の出発点(春分点)はうお座にあるが,2~3千年前は歳差運動のせいでおひつじ座にあった.そして,さらに古く4~5千年前はおうし座に春分点があったのだ.

この星座が誕生したと考えられる古代バビロニア時代は,秋分点があったさそり座と共に,黄道12星座中最重要星座の地位にあったのだ.

インドの聖牛,ギリシャ文明の先駆となったクレタ文明にみられる神の使者としての牛など,牛を重視した文化から,おうし座と春分点の関係をまったく無視することはできないようだ.

古すぎるおうし座の背中に,なんとカビがはえた.

おうし座の星々は,ヒヤデス星団

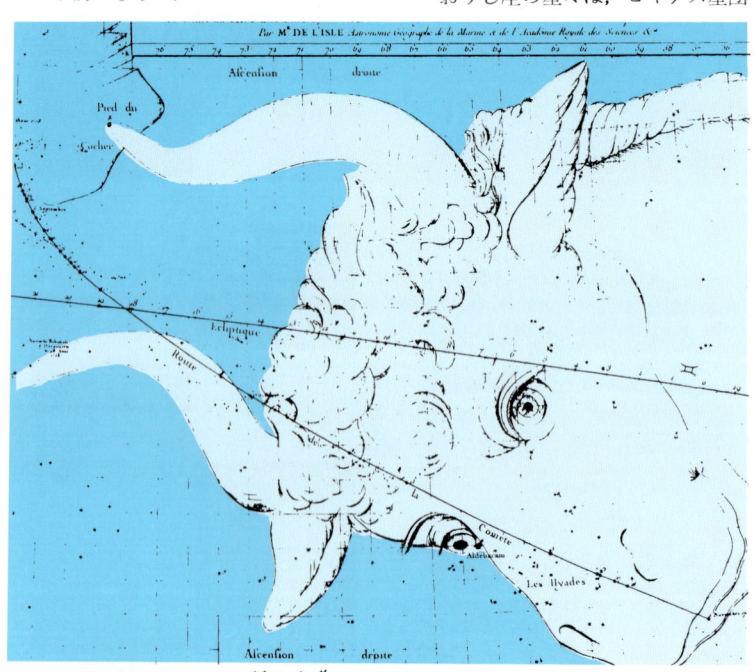

メシエ星図の「おうし座」　彗星の軌道がかきこまれている

のV字をはなづらに，アルデバラン（α星）を右目，ε星は左目，β星とζ星は牛のつの…というように，いずれもオウシをえがくのになくてはならない位置にあるのだが，プレアデス星団だけはその役割がない．せいぜい背中かオシリにできたオデキのあとか，カビくらいにしかみえない．

ギリシャ時代，プレアデス星団はおうし座の一部ではなく，独立した星座として認められていたのを，のちにおうし座に含ませてしまった…という経緯があるからだろう．

それにしても，あの美しい星のむれをオウシのオデキやカビにみたてるのは少々趣味がわるいと思う．お許しねがいたい．

プトレマイオスの48星座中のおうし座にはプレアデスがふくまれている．プトレマイオスの時代（2世紀）は，春分点がおうし座からおひつじ座に移っていた．

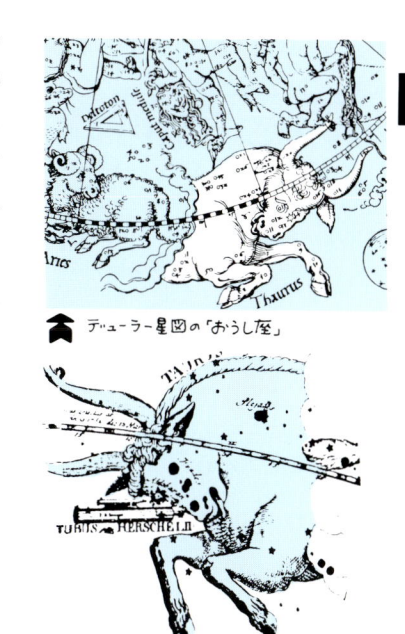

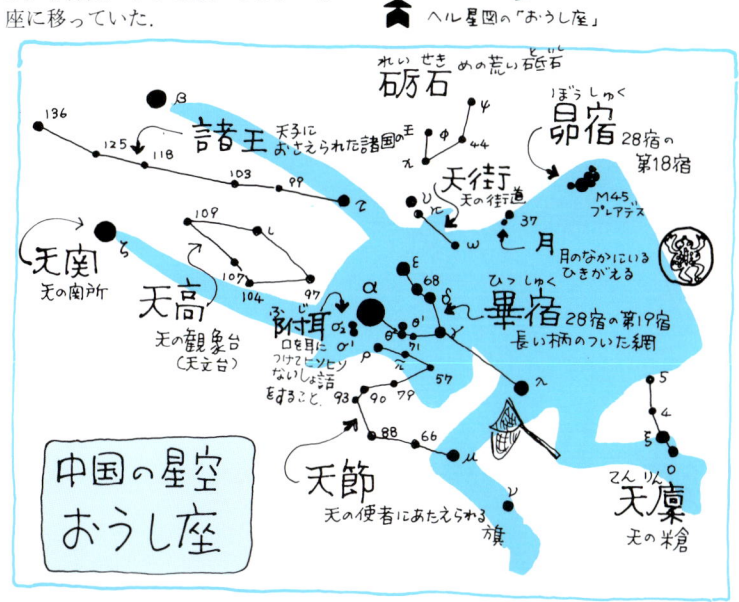

デューラー星図の「おうし座」

ヘル星図の「おうし座」

中国の星空
おうし座

砺石　めの荒い砥石　れいせき
諸王　天子におさえられた諸国の王
昴宿　28宿の第18宿　ぼうしゅく
天街　天の街道
M45 プレアデス
月　月のなかにいるひきがえる
天関　天の関所
天高　天の観象台（天文台）
附耳　口を目につけてヒソヒソないしょ話をすること
畢宿　28宿の第19宿　長いお柄のついた網　ひっしゅく
天節　天の使者にあたえられる旗
天廩　天の粮倉　てんりん

おうし座の星と名前

*α アルファ

アルデバラン
（したがうもの）

　アルデバラン Aldebaran は、プレアデス星団につづいてのぼるので、"プレアデスにしたがうもの"という意味をもつ。日本には、同じ意味で"スバルノアトボシ"という呼名がある。プレアデスにしたがうアルデバランは、V字形に並んだヒヤデス星団をしたがえてのぼる。

　ちょうど、オウシの右目に輝くオレンジ色の1等星で、英名はブルズ・アイ Bull's Eye（オウシの目）。そのほか"コル・タウリ Cor・Tauri（オウシの心臓）"という呼名もあるが、ヒヤデスのV字をウシの鼻づらにみたてると、アルデバランは心臓というより、やはりウシの目がふさわしい。

　< 1.1等　K5型+M2型 >

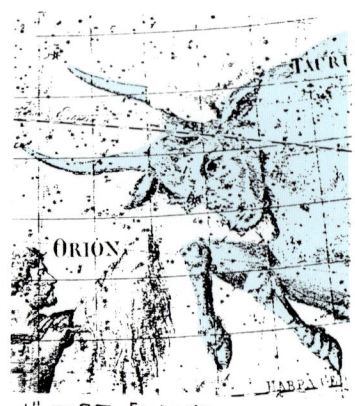

ボーデ星図の「おうし座」

アカンベーをするオウシ

*β ベータ

ナト（突くもの）

　ナト Nath はオウシの左角をあらわす星なので、この星にふさわしい名前である。おうし座の顔のV字形を、そのまま先にのばしたところに β星と ζ星がある。それぞれ左右のウシの角をあらわしている。

　β星は、かつてぎょしゃ座の γ星をかねていた。星座の境界を整理してそれを採用した1930年以来、この星はおうし座に属することに決定した。ぎょしゃ座の γ星は正式には消えてしまったのだが、β星はいまもぎょしゃ座の五角形の一角を一生懸命ささえている。

　さて、このオウシ、鋭い角でなにを突こうとしているのだろうか？

　目の前の狩人オリオンともとれるし、左角の先がひっかかっているぎょしゃ座がねらいとも思える。あるいは、右角の前方にいるふたご座を追うようにも見えるのだが？

　< 1.8等　B7型 >

✳ γ ガンマ

固有名はないが，ヒヤデスがつくるVサインの中心星で，オウシの鼻先にあたる，オウシの顔になくてはならない星．
< 3.9等　G9型 >

✳ δ デルタ

γ星と同じで，ヒヤデス星団のV字形をつくる一つ．
< 3.9等　G8型 >

✳ ε エプシロン

オウシの目は，アルデバラン（右目）とこのε星（左目）．

1等星のアルデバランに対して，4等星のε星では左右のバランスがまるでとれていない．それは片目をつむって，巨人オリオンに"アカンベー"をしているようにもみえる．

ヒヤデス星団の中の一つ．
< 3.6等　G8型 >

✳ ζ ゼータ

オウシの右角の先に輝く星．

有名な"かに星雲（M1）"はこの星のすぐ近くにある．そして，この角の先にふたご座の足がある．
< 3.0等　B2型 >

✳ η エータ

アルキオネ
（プレアデスの一人）

アルキオネAlcyoneはプレアデス姉妹のなかの一人．

双眼鏡でみると3等星のちかくに6等星と7等星があって三重星にみえる．プレアデス星団中もっとも明るい星．

プレアデス星団の星々にはそれぞれ固有名がある．「すばる星讃歌」のプレアデスの星表を参照．P.66
< 3.0等　B7型 >

⬇ フラムスチード星図の「おうし座」

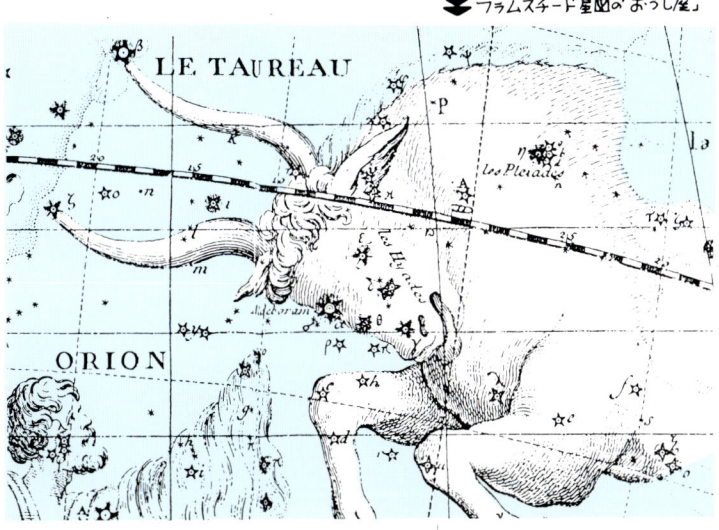

おうし座の伝説

✸ 王女エウロペと白い牡牛

テュロスの王ポイニクスにエウロペ（Europe エウローペー）という美しい娘がいた．

天の大神ゼウスは，海の近くの野原で花つみをするエウロペのかわいい姿に魅せられてしまった．

そこでゼウスはまっ白な牡牛（おうし）に姿をかえてエウロペに近づいた．

ゼウスのオウシは，全身が雪のように白く，父親のようなやさしい目をして彼女をみつめ，吐息はクロッカスの匂いがした．

エウロペはしばらくオウシと遊んでいる内に，すっかりなれて，オウシのすすめるままに背中にまたがった．すると，突然オウシは駆けだして海にとびこんだ．ひっ死になって背中にしがみつくエウロペをのせたオウシは，地中海を渡ってクレタ島へ上陸した．オウシはもとのゼウスの姿にもどって愛をうちあけた．

二人は島のおくのゴルテュンの泉のほとりで愛しあった．のちにクレタ島の王となったミノス王もエウロペの子の一人である．

王女エウロペの名は，ヨーロッパ Europe という大陸の呼名としてのこった．

✱ アルデバランの縁談

　アルデバランがプレアデスに求婚するという話もおもしろい．

　プレアデスは「お金のない人はいや」といってことわった．

　そこでアルデバランは，ラクダをたくさん連れて，自分の財産を「これこのとおり」と彼女に見せにやってきたというのだ．

　はたして，彼女はこのラクダの群れをみて，彼の愛をうけいれたかどうか？

　毎年，冬の夜空でプレアデスを追いつづけるアルデバランをみると，この縁談うまくまとまらなかったとみえる．プレアデスのほんとうにほしかったのは財産ではなかったのだろう． 　　　　　　　　（アラビア）

＊

　アルデバランは大きなラクダ，ちかくのヒヤデスの星々は小さなラクダの群れというみかたもある．

ゼウスの白牛にのるエウロペ

話題1　☆すばる星讃歌☆ ★★　★

✳︎みあげてごらん 夜空のスバルを

「今年こそがんばらなくっちゃ！」と，張りきるあなたのために，お正月の夜9時ごろプレアデス Pleiades が南の空高くのぼる．

南から思いきり見上げると，ほとんど，天頂にチマチマッと集まった星のむれがみつかるはず．

発見できなかったら，原因はあなたの首だ．

年の初めから首が曲がらないようでは，今年のあなたは前途多難…？

あきらめないでもう一度，首の痛くなるほど仰いでみよう．見えたらオメデトーッ，今年も元気でがんばりましょう！

ついでに，すこし古いが「みあーげてごらん，よるのほーしをー…」と口ずさんでみよう．不思議と，今年はなにかいいことがありそうな気がして，ファイトがわいてくる．

プレアデスは赤経 3^{h}44^m，赤緯 +23°57′にある．したがって，南中高度は鹿児島で83°，札幌で71°，東京では78°．健康な首なら，南から精いっぱいあおいで，目玉をギョロリと上へ向ければつかまえられる．

昔，この星団の高さをあらわす愉快な呼名があった．"頭巾(ずきん)おとし"という．うんと仰ぐので，帽子がうしろにおっこちてしまうほど…というのだ．

"頭巾おとし"は，"すばる"の呼名と共に，古くから多くの日本人の目と心をひきつけてきた．

"プレアデス"といい，"すばる"といい，姿も呼名も美しい散開星団である．

✳︎"すばる"を かぞえる

ところで，"すばる"をみつけたあなたの目は，すばるの仲間をいったいいくつ数えられるだろうか？

6個で合格，7個以上ならすばらしい．

毎年，首のテストと共に，お正月の視力検査をおすすめする．今年の記録は来年の参考にするといい．

私は山で9個まで数えたことがある．いままで私のまわりで10個以上を数えたという人も少なくない．望遠鏡以前の時代に11個の位置が確認されている．

星図をたよりに，記録への挑戦をこころみてはどうだろう．もっとも桁はずれの視力のもち主によって，現在の記録はなんと25個．

「あらかじめ星図で位置の見当をつけて，気流の状態のいい瞬間を気ながに待てば，案外見えるものなの

話題1　☆☆すばる星讃歌★

だ…」という記録保持者の弁を信じて試してほしい．

よごれた都会の空も，お正月にはいくらか美しくなるはず．"銀座のまん中で，いくつ数えた"なんていう記録も楽しいではないか．

大望遠鏡でみたすばるは，410光年のかなたで300〜500個の星が集まる大星団である．

✳ スバル座

「スバルって何語？」とたずねて「さあ？」と答える人も多いはず．"すばる"が日本名であることが意外に常識になっていないのだ．

すでに平安の昔，清少納言は枕草子に「星はすばる，ひこぼし，ゆうづつ，よばひほし…」と，美しい星の筆頭にすばるをあげているのに，どうしたことだろう．

すばるが文明の利器である自動車の名前として登場して，しかも，スバルをカタカナで表現したことが，なんとなく外来語らしいイメージをつくりあげてしまったのだろう．あるいは，すばるという言葉のひびきに，なんとなくカタカナで書きたいしゃれた雰囲気が感じられるからなのだろうか．

すばるの語源は，"しばる"とか，"むすばる"というように，統一する意味のことを"統(すば)る"といったからだとか，玉かざりにみたて，その玉かざりを"みすまる"といったのが"すまる"になり，そして"すばる"となったのだともいう．

その"すばる"が，さらに"すわる"になったのもおもしろい．

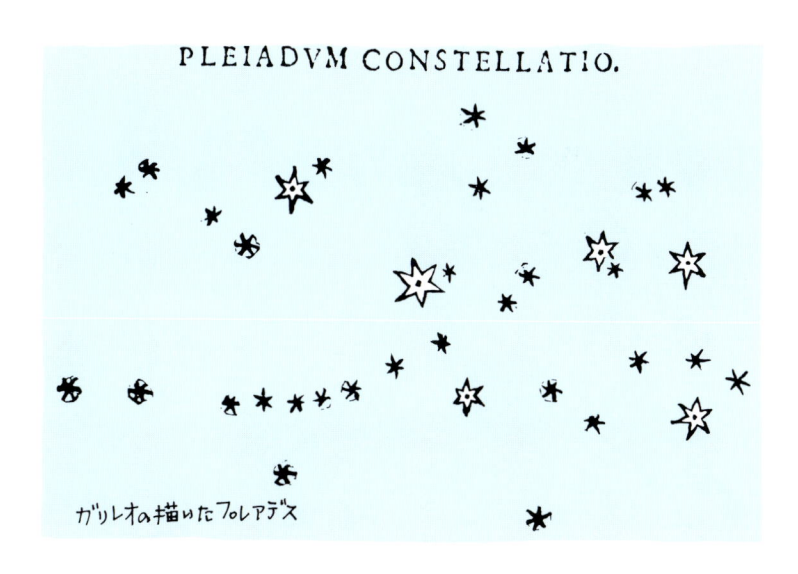

PLEIADVM CONSTELLATIO.

ガリレオの描いたプレアデス

話題1　☆☆ すばる星讃歌 ☆

愛知の知多地方に"すわるおっさま"という呼名があった．おっさまとはお坊さんのことだ．

すばるを"すばる座"という人も少なくない．すばる座という星座などありはしない．映画館の名前ならいざしらず，実はまちがいということを知りつつ，やっぱり，すばる座と呼んでみたい"すばる"である．

すばるが，かつてギリシャ時代に独立した星座であったことは，すでにのべたとおりだが，現代のすばるは，おうし座のかたすみにある一散開星団にすぎない．しかし，にもかかわらず，夜空を眺めたときの"すばる"は，けっしておうし座のすばるではなくて，すばるあってのおうし座なのである．

中国では，このあたりを"昴宿（ぼうしゅく）"といって，28宿の一つであった．

いずれにせよ，われわれの祖先たちも，この美しい星の群れの魅力を十分感じていたようだ．

✻ プレアデス名前考

学名が戸籍上の本名なら，星の固有名はいうなれば星のニックネームだ．

ニックネームは人気のバロメータともいう．ところで，プレアデス星団ほどニックネームの多い人気者も珍しい．

日本の呼名だけでもずいぶんあるので，世界の各国，各民族の固有名をあつめたら，おそらく100を越えるだろう．

世界中に知られた固有名プレアデスは，ギリシャ神話に登場する娘たちの呼名である．

天空をささえる巨神アトラスとプレイオネとの間に生まれた7人の娘たちが星になったというのだ．

そのほか"すばる"を筆頭に，乙女のむれ，ラクダのむれ，お婆さん

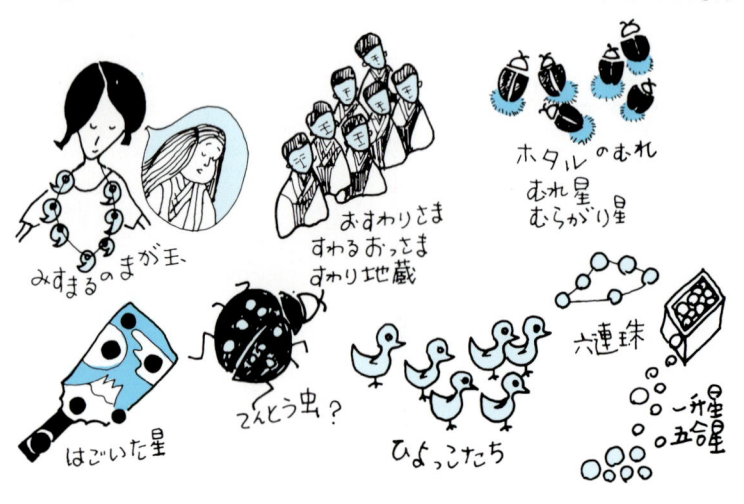

話題1　☆すばる星讃歌★

たち，若い娘たち，亭主をしめだした妻たち，七人姉妹，踊り子たち，七人の子ども，七つ星，ヒヨッコたち，群れ星，束ね星，相談星，寄合い星，鈴なり星，ビンタン・ブルプル（たくさんの星），一升星，五合星，七福神，六連星，六連さま，六曜星，七変化星，六地蔵，六連珠，ごちゃごちゃぼし，ぐざぐざぼし，じゃんじゃらぼし，ごじゃごじゃぼし，…，いずれも多くの星が集まっているようすを表現したものだが，ゴチャゴチャとか，ゴジャゴジャという呼名は，みかけのプレアデスを実にうまく表現していて，愉快というか痛快というか，私は大へん気にいっている．

プレアデスを7個の星の集まりとみた呼名と，6個の星の集団とみた両方の呼名があるのもおもしろい．

目をこらすと，6個みえたり，ときには7個みえたりするからだ．

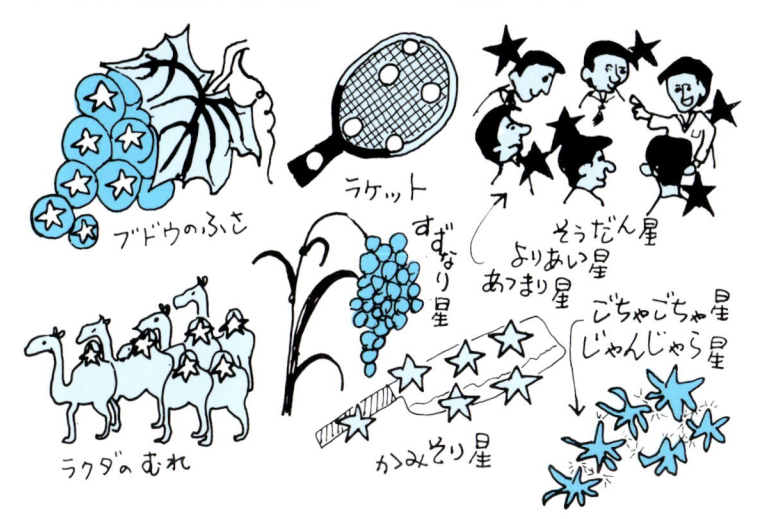

星を結んだ形から，羽子板星，かみそり星，小びしゃく，ラ・ラケッタ（ラケット），蚊よけ網，といったみかたもある．

お正月のよいに高くのぼるので，羽子板星という呼名はピッタリである．カチン，カチンと羽根つきの音が，透明な冬の夜空にこだまするのだ．

この星団がすこしぼんやりかすんだように見えることから，ホタルの群れとか，人のたましいの集団，といった幻想的なみかたもあった．

すばる星がなまって，すわる星，おすわりさん，すわるおっさま，すわり地蔵，しばり星，しまり星など，いろいろ変化したことも，そして，それぞれがそれなりにプレアデスの雰囲気をうまくつかんだ呼名になったこともおもしろい．はなやかなニックネームの影にかくれて，本名M45がすっかり鳴りをひそめてしまった人気星団である．

話題1 ☆すばる星讃歌 ★★ ★

日本の盆唄（ぼんうた）に「月は東に，すばるは西に，いとしいあなたはまん中に…」というのがあるそうだ．さすがのすばる人気も，いとしの恋人をしのぐことはできなかったようだ．

月は東に　すばるは西に　あなたはまん中においておきたい

プレアデス（すばる）の星表

ごちゃごちゃの微光星たちにも名前がある．

7人の姉妹と両親アトラスとプレイオネの名がつけられている．つまり，プレアデス星団中9個には固有名があるのだ．したがって，これらの星をたしかめるには双眼鏡の助けが必要だ．

これ等の星名は，伝説と少々矛盾するところもあるが，かたいことはいうまい．

No.	学名	固　有　名	光度
1	η	アルキオネ　Alcyone	3.0等
2	27	アトラス　Atlas（父）	3.8等
3	17	エレクトラ　Electra	3.8等
4	20	マイア　Maia	4.0等
5	23	メロペ　Merope	4.3等
6	19	タイゲタ　Taygeta	4.4等
7	28	プレイオネ　Pleione（母）	5.0等
8	16	ケラエノ　Celaeno	5.4等
9	HR 1172		5.5等
10	18		5.6等
11	21	アステロペ　Asterope	5.9等
12	HR 1183		6.1等
13	24		6.3等
14	22		6.4等

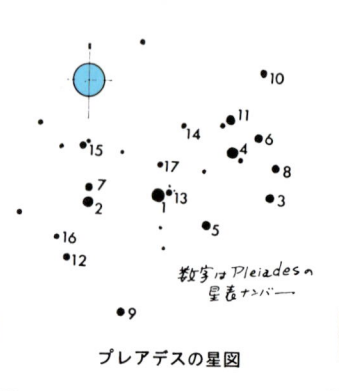

数字はPleiadesの星表ナンバー

プレアデスの星図

話題1 ☆☆すばる星讃歌★ ★

すばる伝説 7-1=6

プレアデス（すばる）が6つにみえたり，7つにみえたりすることに関連した伝説がいくつかある．

泣いているインデアンの子

星のきれいな夜だった．

七人のかわいいインデアンの子どもが，たきびをかこんで遊んでいたら，目のくりくりっとした頭でっかちの奇妙な子があらわれた．天からやってきた星の子だった．

星の子は子どもたちを誘って天にのぼった．七人のインデアンの子は天で星になった．

でも，その内の一人は，下界が恋しくていつもシクシク泣いている．

小さな星のむれの中で，一つだけ見えがくれしているのが，ホームシックにかかって泣いている子なのである． （アメリカ・インデアン）

星になったプレアデス

プレアデス（Pleiades プレイアデス）は，天をささえる巨人神アトラスと，河と水の神オケアノスの娘プレイオネ Pleione の間に生まれた七人姉妹である．

彼女たちは，母プレイオネと共に，狩人オリオンに追われて，5年もの間森の中を逃げまわった．月の女神アルテミスは彼女たちをハトにして大空に逃がしたが，快足オリオンはつづいて空に駆けあがった．女神はオリオンも，ハトも星にした．もうこれ以上オリオンがプレアデスに近づくことができないように，という配慮なのだ．

さて，星になったプレアデスの一人メロペ Merope は，人間のシシュポス Sisyphos を愛してしまった．

姉妹の中で一人だけ人間の子をみごもったメロペは，そのことを恥じて，えんりょがちに輝くようになったという．

星になったインデアンの七人の子ども

話題 1　☆すばる星讃歌

7個の内，1個だけ輝きが鈍いのはそのせいだというのだ．

別の説では，プレアデスのなかの一人エレクトラ Electra と，大神ゼウスとの間にダルダノスという男の子がいた．

母エレクトラは，後年，わが子ダルダノスのトロヤ（Troia トロイア）城市が陥落するのをみて，悲嘆のあまり彗星になって，どこかへ姿を消してしまった．

だから7個あった星が，1個消えて6個になったという．

（ギリシャ）

☀涙でうるんでみえるプレアデスたち

うんと星がきれいな夜，プレアデスに目をこらすと，残された6人が不幸な仲間のために泣いているようにみえる．プレアデスの星々がこころなしか少し潤んでみえるのは，彼女たちの涙が，その輝きをくもらせるからだという．

この物語にはこんな尾ひれがつくのだが，私はこの尾ひれにたいへん興味がある．

長時間露出で撮影されたプレアデスの写真をみると，まるで天女の羽衣のようなガス星雲が，星々をつつみこむように広がっている．プレアデス星雲と呼ばれるこの散光星雲は，プレアデスの星々を生んだ母体の残りなのだ．星になりそこなったガスは，やがて輝く星の子の光にふきとばされてしまうだろう．

ところで，ギリシャ時代の人々はガス星雲につつまれたプレアデスを肉眼で認めることができたのだろうか？　もしそうなら，プレアデスの輝きが涙で潤んでみえる話と，うまく符合しておもしろいのだが…？

現代のプレアデスの涙を，肉眼で

話題1　☆すばる星讃歌☆

直接みることはかなりむずかしい．空気の透明な夜，双眼鏡で，それもできるだけ口径の大きい双眼鏡でのぞいたら，あるいは，かすかに星をつつむガス星雲の雰囲気が感じられるかもしれない．つまり，プレアデスの忍び泣きがのぞきみられるというわけ．

✳ 月のあとを追うクーニャン

プレアデスの七星を，台湾では姑星（こせい）といって，七人のクーニャンが星になったという．

ある夜，近くを通った美しい月をみて，その中の一人が恋をした．

一か月後，ふたたび月が通ったとき，そのクーニャンは月のあとを追って隣の町へ移ってしまった．

七つあった星のむれから，一つだけ姿を消したのはそのせいだ．

隣町には，月を愛してやってきた娘たちがいっぱいあつまっている．

隣町とは，ヒヤデス星団にちがいない．月がみかけの位置をプレアデスからヒヤデスにむかって移動するのは事実だ．そして，月はときどき自分を愛する娘たちの中を通る．熱烈なファンに囲まれてスター気どりですまして通る．いい気なものだ．

　　　　　　　　　　　　（中国）

＊

古代バビロンの古い彫刻にも，中国の古い星図にも，プレアデスが七つ星になっている．

昔は7個がはっきり見えていたのだが，いつのまにか，そのうちの一つが消えたか，あるいは暗くなったのでは？と考える人もいる．

ちょっとみると6個だが，よくみると7個に見えることが，こういう伝説を生んだと考える人もある．真相は謎．

✳ 昴宿 ぼうしゅく

中国では"すばる"を"昴(ぼう)"と呼んだ．史記では"髦頭胡星(ぼうとうこせい)"といって，葬儀を司どる星としている．

おそらく僧侶がもつ房のついた払子を想像したのだろう．　（中国）

＊

まるで関係はないのだが，みかけが"ぼーっ"と霞んだようにみえる"すばる"の呼名が"ぼう"とか"ぼうとうこせい"とは，語呂があいすぎて奇妙である．

さて，この払子を持つお坊さんはどこにいるのだろう？

話題1 ☆すばる星讃歌★

すばるがごちゃごちゃなのは？

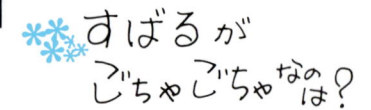

「広い空にすばるはなぜごちゃごちゃ？」

「海は広いのにエビの腰がのびないのと同じさ」という意味のことわざがあるそうだ．

人それぞれ，他人の知らない事情がある，というのだろうか．

さて，そのすばるがごちゃごちゃになったその事情とは？

実は，彼女たちは大きなガス星雲の中で，ほとんど同時代に生まれた星の子たちなのだ．すばるは生まれてまだ1億年にもならない若い星の集団である．

すばるにかぎらず，この種の星団はすべて無秩序にゴチャゴチャ集まっているので，"散開星団（銀河に多いので銀河星団ともいう）"と呼ぶ．いうなれば，ごちゃごちゃ星団ということなのだ．

ところで，すばるの星々のまわりに，まだガス星雲がのこっているのは，この星団が生まれて間もない若い星団である証明だといっていい．

すばるは，10月のよいにのぼり，4月のよいに沈む．

宵々にすばる霞みて春も逝く
　　　　　　　　　野尻抱影

ガス星雲につつまれたプレアデスの星々（パロマ天文台）

すばる

話題2 ☆ 雨ふりヒヤデスの謎 ☆

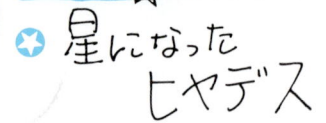

★ 星になったヒヤデス

ヒヤデス(Hyadesヒュアデス)は,プレアデスと同じ巨人神アトラスの7人の娘たちである.母は河と水の神オケアノスの娘アイトラ Aithra であるとか,あるいはプレアデスと同じプレイオネだとされている.

同じ兄弟ヒュアス Hyas が狩猟中に毒蛇にかまれて死んでしまった.彼の姉妹ヒヤデスはヒュアスの死を嘆いて自殺した.ゼウスはそれをあわれんで彼女たちを星にした.
（ギリシャ）

別説では,ヒヤデスはニンフだったが,大神ゼウスに幼年期のディオニソス(酒の神,バッコスともいう)の養育をたのまれたという.

ディオニソスは大神ゼウスとセメレ Semele というかわいい娘とのあいだに生まれた.

ゼウスの妻ヘラはセメレがにくらしく,みごもったセメレを呼んで,さも親切そうに「ゼウスは私に求婚したとき,もっとも男らしくすばらしいいでたちでやってきた.おまえもゼウスにそうするよう頼んでみてはどうか.もしゼウスがおまえを愛していたらそうするだろう」とアドバイスした.

だまされたセメレは,ゼウスにそうしてほしいとねがった.ゼウスはセメレの願いはなんでもかなえるという約束をしていたので,やむなく承知した.そして,ゼウスは戦車にのり,雷鳴をとどろかせ,雷光を放ちながらセメレのもとへかけつけた.

セメレはゼウスの雷光にうたれて焼け死んでしまった.

ゼウスは焼けた彼女の胎内から,まだ6か月の胎児だったディオニソスをとりあげて,自分の太腿の中に縫いこんだ.

ゼウスの太腿から生まれたディオニソスは,ヒヤデスと呼ばれるニンフ達にあずけられた.ヒヤデスはヘラの目をあざむくために,ディオニソスを少女として育てた.しかし,そのことはやがてヘラに知られてしまった.

ヘラの怒りを恐れたヒヤデスは,ディオニソスをアタマス王とイノにあずけて逃げた.大神ゼウスはヒヤデス姉妹を天に上げて星にした.息子ディオニソスを育ててくれた感謝のしるしだったのだろう.

（ギリシャ）

話題2　雨ふりヒヤデスの謎

雨ふりヒヤデス

ヒヤデス Hyades は"雨を降らす女"という意味があるという.

昔，この星団が日の出と同時にのぼるころ，雨季をむかえたからだとも，ヒュエイン(雨降り)，ヒュエトス(雨)とにているからだともいう．いずれにせよ，V字形に並んだかわいいヒヤデスの星々は，牛のはなづらにみたてるより"雨女"にみるほうがふさわしい．

ヒヤデス星団のあたりは，中国で畢(ひつ)宿と呼ばれたが，畢宿は天気占いの星でもあった．
"雨師は畢なり"
"月畢(ひつ)にかかりて滂沱(ぼうだ)たらしむ（月がヒヤデスを通ると雨が降る)"という詩経のことばが伝えられている．

月がヒヤデス星団とかさなると，大雨が降るというのだ．これをうけて，日本では畢宿(ヒヤデス)を"雨降り星"といった．

ヒヤデスのV字形を傘にみたてると「雨が降るので月が傘の中にはいるんだ」といううがったみかたもできるのだが….　まさか，そうではあるまい．

それにしても東西共にヒヤデスを雨ふり星としたことはおもしろい．

月の位置と天気とは，科学的に無縁だが，星は季節によってみかけの位置をかえるので，雨季の予報につかわれたのが呼名の起源と考えるのがもっとも順当だろう．

孔子の天気予報

昔，孔子が外出するとき，雲一つないいい天気なのに，弟子に傘を用意するようにいった．

しばらくすると，天はにわかにかき曇り雨が降りだした．

不思議におもって弟子がたずねると「昨夜，月が畢にあったからだ」と答えた．

（中国）

話題2 ☆☆ 雨ふりヒヤデスの謎 ☆☆

★ つりがねぼしの音色

V字形からの連想で"釣鐘星"という日本の呼名がある.

"つりがねぼし"は大みそかの10時ごろ南中して,除夜の鐘つきにそなえるのだ.

同じく星列の形から"扇星(おおぎぼし)""小屋星(こやぼし)""半開星""みのぼし"あるいは"かりまたぼし"など,呼名はいろいろある.

カリマタ(雁股)は内がわに刃がある矢じりのことだ.ガンがむれになってカギガタに飛ぶときに似ているともいう."形飛雁の如し"というのだ.

ギリシャではオウシのはなづらにみたてたV字形が,日本で同じとこを"馬のつら"にみている,というのもおもしろい.

ところで,中国の畢宿というのはもともとウサギを捕える手アミのことらしい.V字の部分をアミにみたてて,λ星とむすんでY字形をつくると手アミの柄ができる.となりのくじら座のα星と結ぶと,もっと長い柄ができる.

たぶん,この手アミでねらう獲物はプレアデスだろう.かわいいウサギの群れが,ヒヤデスからのがれようと必死で逃げる.

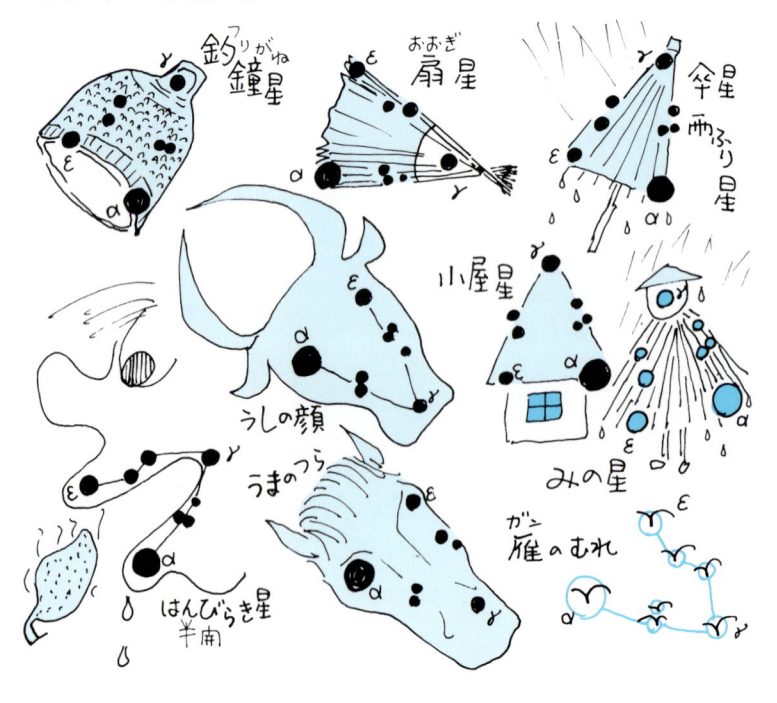

おうし座の見どころガイド

※ 肉眼二重星を二つ

※ θ^1 と θ^2

ヒヤデス星団のV字形の中にある肉眼重星。視力テストにつかってみてほしい。二つは、337″はなれて並んでいる。この星が二つとも見えたら合格、あなたの視力は、けっこう立派なのである。

< θ^1　4.0等　　G8型 >
< θ^2　3.6等　　A7型 >

※ σ^1 と σ^2

ついでにもう一つ、アルデバランのすぐとなりにある肉眼重星に挑戦してみよう。

θ_1―θ_2にくらべると少々手ごわいが、みえたら"さすが！ あなたはベテラン"ということになる。

< σ^1　5.2等　　A5型 >
< σ^2　4.9等　　A5型 >

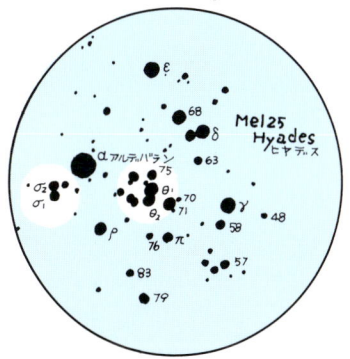

※ プレアデスとヒヤデス ―M45とMel 25―

おうし座は肉眼で楽しめる星団が二つある豪勢な星座。

二つとも生まれてまもない若い星の集団だ。プレアデスは410光年、そして、ヒヤデスは130光年の距離にあって比較的近い。だから、肉眼で認められるほど明るく、そして、ひろがってみえるのだ。ヒヤデスは、散開星団中もっとも近いので双眼鏡の視野をはみだすほどひろがっている。

ヒヤデスのV字形の先に輝くアルデバランは、たまたま同じ方向にみえるだけで、星団とは関係のない星だ。アルデバランはヒヤデスよりさらに近く、距離約70光年にある。

いずれにしても、この2星団は、肉眼や双眼鏡で十分楽しめる。星団の二大横綱として、実力十分なのである。

< M45 (プレアデス)・散開星団・
　　1.4等・視直径100′ >
< Mel 25 (ヒヤデス)・散開星団
　　0.8等・視直径330′ >

✱ カニ星雲異聞

"カニ星雲"という呼名で有名な星雲がおうし座にある．

おそらく，だれもが一度はみごとなカニ星雲の天体写真にお目にかかっているはず．

カニの名は，ウイリアム・パーソンズ(ロス卿)が，当時世界最大の反射望遠鏡（72インチ金属鏡）をつかってスケッチをとったとき，その形から命名した．ロス卿のスケッチは，岡山天体物理観測所の石田五郎さんの弁をかりると「南京虫」か，「ダニ」のほうがふさわしいのだが，幸い「ダニ星雲」という呼名にはならなかった．

カラーの天体写真をみると，赤い手足が四方八方にのびて，まさにカニ星雲 Crab Nebula なのである．

カニ星雲は，メシエカタログの第1番にとりあげられたので，メシエ番号はM1．

オウシの右の角（むかって左）にあるζ星のすぐちかくにあるが，光度8.4等という暗い星雲なので，肉眼ではもちろん，双眼鏡でもはっきり認めることはむずかしい．小天体望遠鏡でやっととらえたM1は，残念ながら"カニ"というより"寸足らずのイモムシ"くらいにしかみえない，ささやかな光のシミなのだ．みごとなカニの足は天体写真におまかせするよりしかたがない．しかし，たとえダニの足程度だとしても，フィラメント構造を認めたロス卿のスケッチは，なかなかどうしてたいしたものだ．

"さすが大口径の偉力"というべきか，あるいは"さすがロス卿"と，ロス卿の観測能力に驚嘆すべきであろう．

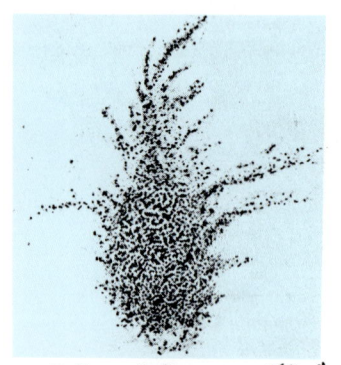

「ダニ星雲」にみえる？小望遠鏡でみた「カニ星雲」

「カニ星雲」と命名したロス卿がえがいたM1のスケッチ (1884)

✱ 客星 天関に学す

1054年に，おうし座に超新星が出現したという記録は，日本の古文書の中にもみられる．

鎌倉時代の歌人藤原定家によってかかれた日記「明月記」に，1230年に出現した新星の記録があったのだが，その中に同じような現象が過去にもあったこと，そして1054年には天関星（おうし座のζ星）のちかくに客星（みなれない星）が突然あらわれ，歳星（木星）ぐらいの明るさで輝いたとある．

中国にも，1054年7月にあらわれた客星は，天関の近くに輝き，それはまるで金星のように明るく，23日間は昼間みることができたとか，それはおよそ2年間姿をみせてから消えたといった記録（宋史天文誌）があった．アメリカでは，インディアンが当時の印象を描いたと考えられる絵（強い反対意見があるが）がアリゾナの洞穴で発見されている．

不思議なことは，この天空の大事件の記録が，中世のヨーロッパにまったく残されていないことだ．

神がおつくりになった天は完全無欠な作品で，星は永久不変であると信じた，当時の頑固な宗教的宇宙観によって，無理やり抹殺されたのだろうか？

✻ カニ料理にてこずる天文学者

さて，このカニ星雲，ただのカニではなかった．

次々と発見された新事実と新しい謎にまどわされ，さすがの天文学者も，このカニ料理にはずい分手をやいたというしろものだ．

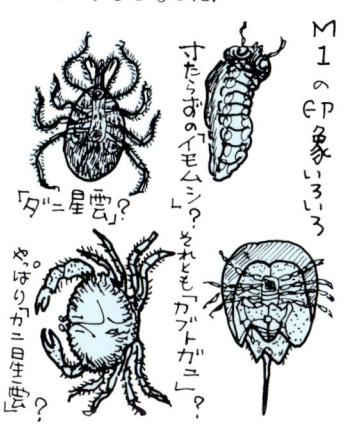

いまから900年ほど前，1054年におうし座のζ星のすぐ近くでひとつの星が突然輝きはじめた．どんどん光度を増して，一時は昼間見ることさえできたが，その後減光して，やがてみえなくなった．

それは末期をむかえた星が，大爆発によって，その一生を今まさに終えようとする断末魔の姿だった．

星がその進化の最後にみせる破局的な大変化を"超新星"という．カニ星雲は超新星が残した夢のあとであった．

*

ロス卿がスケッチ（1848年）した奇妙な形をしたカニ星雲は，古くから天文学者に注目され，多くの天文学者がこのカニ星雲料理？に挑戦したのだ．

1921年，アメリカの天文学者ランプランドは，8年前の写真とくらべてカニ星雲の形が変化していることをみつけた．

同じ年に，スエーデンの天文学者ルンドマルクは，中国の史書に記録された新星（突然明るい星があらわれる）の一らん表をつくった．アメリカのダンカンは11.5年前の写真とくらべて，カニ星雲がおそろしいスピードで膨脹していることをみつけた．

1928年，アメリカのハッブルは，カニ星雲の大きさと膨脹のスピードから，1054年に爆発したものと推定し，ルンドマルクの一らん表の中の1054年の新星と符合することをみつけた．

1934年，アメリカのバーデと，ツウィッキーは新星（ノバ Nova）の中に，とびぬけて明るい新星があるのをみつけて，超新星（Super nova）と呼び，新星と区別した．

超新星は太陽の何億倍ものエネル

ギーを一挙にはきだしてしまう大爆発だった．

バーデとツウィッキーは星が超新星爆発したとき，その残骸として中心に中性子星が残る可能性を予言した．

中性子星は，つぶれた星の密度が10^{14} g/cm³（1立方センチが1億トン）をこえてしまう超高密度星のことで，その星の内部はもはや原子核は存在せず，ほとんど中性子で構成されている．私たちの太陽を圧縮して直径を10キロメートルぐらいにすると，中性子星になるだろう．

当時，中性子星は，存在する可能性を理論上肯定されたものの，まだみぬ幻の星であった．

1963年，ロケット観測で，カニ星雲が強いX線を出していることが発見された．ひょっとすると幻の中性子星では？と，天文学者たちはいろめきたった．しかし，その期待は翌1964年の七夕の日にもろくもくずれてしまった．この日，カニ星雲の前を月が通過するという"カニ星雲の蝕"があったのだが，X線源は直径10キロメートルどころか，1光年はあろうかというほど，大きくひろがっていたのだ．

1967年，ヒューウィッシュたちによってパルサーが発見された．パルサーは秒単位という短い周期で，しかも正確にくりかえすパルス状の電波をおくってくる不思議な星だった．そして，1968年，カニ星雲の中にもパルサーがみつかった．

カニ星雲パルサー（NP0532）は，30分の1秒という短い周期で振動するパルサーであった．これまでにない短い周期のカニ星雲のパルスは，天文学者にとってすばらしいラブコールだったのだ．

秒単位のパルス電波の正体について，白色矮星（中性子星ほどではないが，かなりな高密度星で，たとえば太陽を地球ぐらいの大きさにおしこめたような星）や，中性子星がふくらんだり縮んだり，つまり脈動によって発射される電波か，あるいは，それ等の星が自転することによって発射される電波かもしれないと考えられた．

ところが，カニ星雲パルサーは0.03秒というとてつもなく短い周期だったので，脈動説は不可能，そして，自転説は白色矮星では星が大きすぎてダメ．したがって，残るは中性子星の自転説のみとなった．

幻の星，中性子星はついに現実の星として姿をあらわしたのだ．

1939年にアメリカのオッペンハイマーは，中性子星は太陽の質量の約0.3倍から0.7倍くらいの質量で，直径が約21kmから10kmぐらいになると予言した．そして，太陽の0.7倍の質量が直径約10kmになるという限界を越えた場合，たいへん不安定になり，おそらくどこまでもつぶれてしまうだろう．つまり，ブラック・ホールになるだろうという考えを発表した．

中性子星をみつけた人間は，今度は幻の星ブラック・ホールの夢をみることになった．

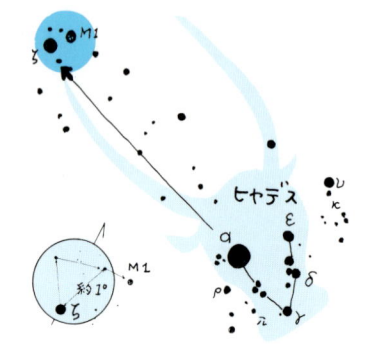

おうし座のM1（カニ星雲）．パロマ天文台

3 オリオン座 (日本名)
ORION (学名)
オリオン

オリオン座の みりょく

古今東西,オリオン座ほど多く人々に親しまれた星座はほかにないだろう.

きちんと整列した三つ星を,四つの明るい星でがっちり固めた威容が,まわりの星座を圧倒しているからだろうか,あるいは,三つ星をはさんで,紅白二つの1等星を左右に配置したすぐれたデザインのせいだろうか.

それとも,伝説のオリオンが,きどらない野性的な魅力で人々の心をひきつけるからなのかもしれない.

とにかく,オリオンは大衆の人気にささえられた千両役者なのだ.

2月の宵に,彼は舞台の中央に立ちあがって大みえをきる.

「イヨッ！ マッテマシタッ」と,威勢のいいかけ声が大むこうから聞こえてくるような気がする.

沖縄のオリオンビールをはじめ,オリオン書房,バーバーオリオン,レストランオリオン軒,喫茶オリオン,オリオン電機,バーオリオン,映画はオリオン座,なんと名古屋にはオリオンサイダーがある.彼の名前は,日本のいたるところでお目にかかることができるし,数えあげればきりがない.

小中学生のアンケートによると,やっぱりオリオン座の人気はだんぜんトップだ.

冬の夜空に,この星座がみつけられない人は,よほどのへそ曲りにちがいない.

オリオンの星々は,固有運動でいつかは散ってしまうことだろう.しかし,このみごとな配列がまのびするには,まだ何十万年も,いや何百万年もかかりそうだ.

オリオンは,人気絶頂の座を,当分ほかの星座にゆずる気はなさそうである.

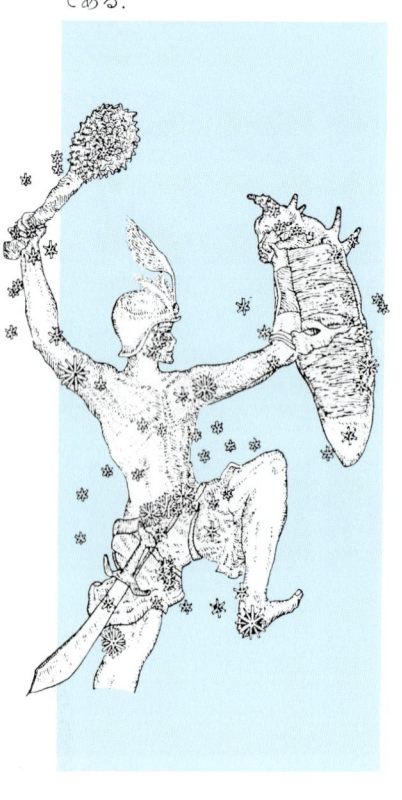

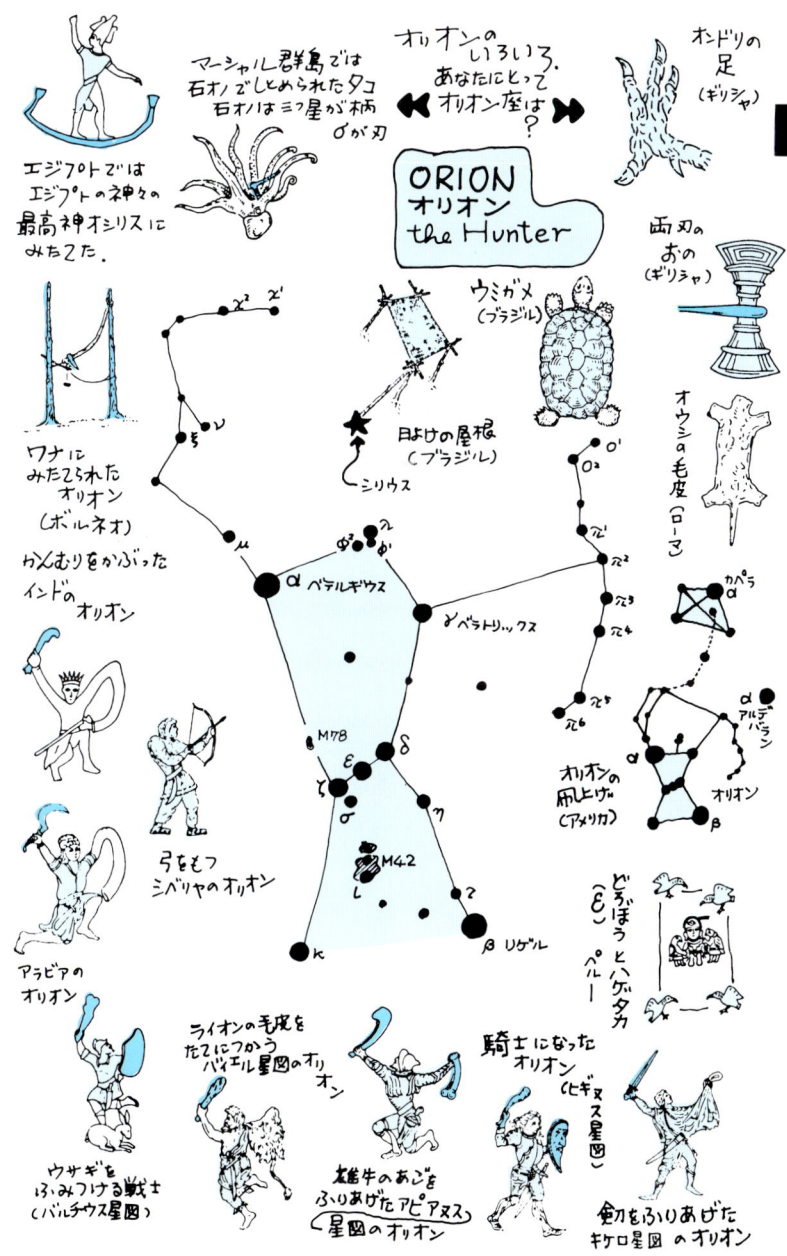

オリオンのいろいろ
あなたにとってオリオン座は？

ORION オリオン the Hunter

- エジプトではエジプトの神々の最高神オシリスにみたてた。
- マーシャル群島では石オノでしとめられたタコ 石オノは三つ星が柄 αが刃
- オンドリの足（ギリシャ）
- ウミガメ（ブラジル）
- 日よけの屋根（ブラジル） → シリウス
- 両刃のおの（ギリシャ）
- オウシの毛皮（ローマ）
- ワナにみたてられたオリオン（ボルネオ）
- かんむりをかぶったインドのオリオン
- オリオンの凧上げ（アメリカ）
- 弓をもつシベリヤのオリオン
- アラビアのオリオン
- どろぼうとハゲタカ（ペルー）
- ウサギをふみつける戦士（バルチウス星図）
- ライオンの毛皮をたてにつかうバイエル星図のオリオン
- 牡牛のあごをふりあげたアピアヌス星図のオリオン
- 騎士になったオリオン（ヒギヌス星図）
- 剣をふりあげたキケロ星図のオリオン

星の名：ベテルギウス、ベラトリックス、M78、M42、β リゲル、カペラ、α アルデバラン

オリオン座の星々

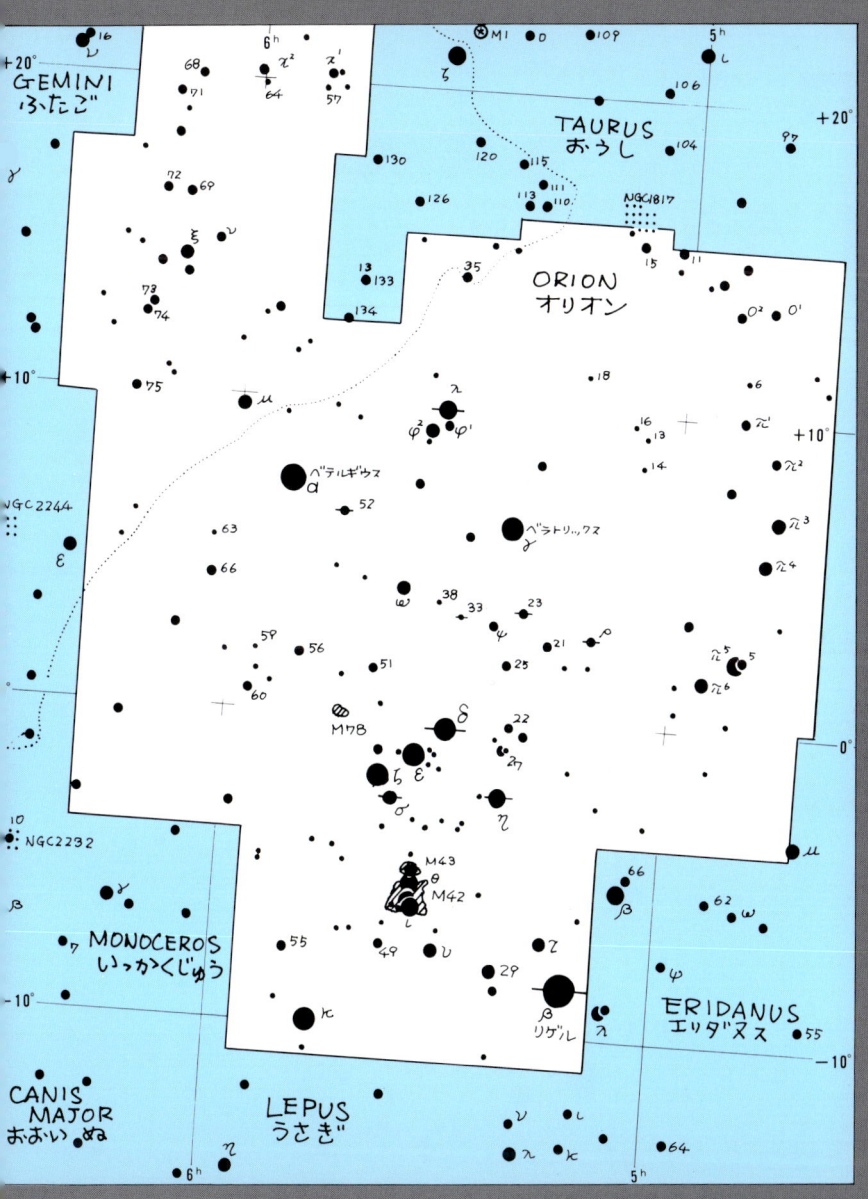

オリオン座の星図

オリオン座の みつけかた

オリオン座の星の配列は，一度みたら，まず忘れることはない．

オリオン座の三つ星は，ちょうど赤道のま上（天の赤道）にあるので，ま東から昇り，ま西に沈む．南中時の高度は"90°－観測地の緯度"となる．地平線上のオリオン座は，ま東からま西へ天の赤道上をたどればかならずみつかるのだ．

12月の宵，ま東から，たてに並んだ2等星の三つ星が，両わきに二つの1等星をしたがえてのぼる．

地平線ちかくの月や太陽が大きくみえるように，錯覚による地平拡大効果が，よこになった巨人オリオンを，さらにふくらませて，みごとなウルトラ巨人オリオンを楽しませてくれるだろう．

ふとみつけたオリオンが昨年と同じ顔をしている．三つ星も，赤星（α）も白星（β）も健在．星座の楽しみを知った人には，涙がでるほどうれしい再会，感激のひと時なのである．

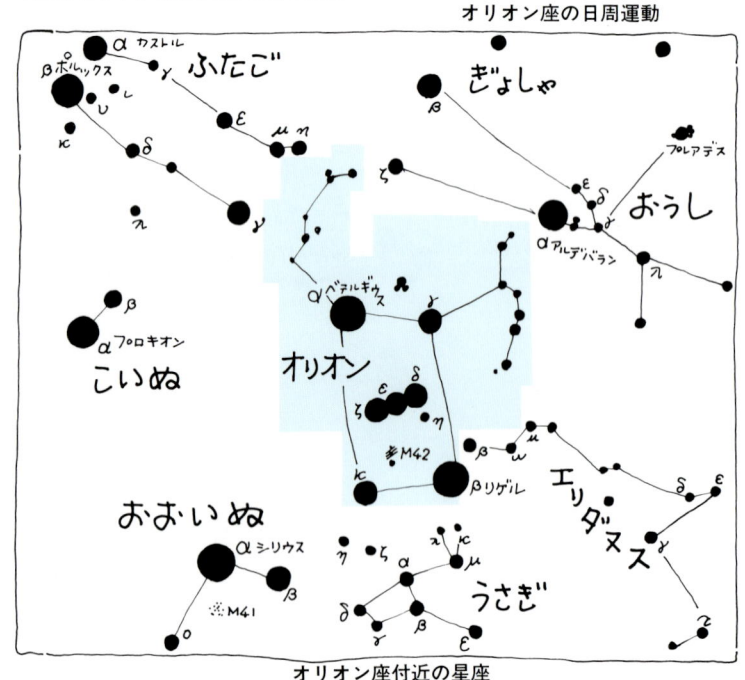

オリオン座の日周運動

オリオン座付近の星座

オリオン座を見るには（表対照）

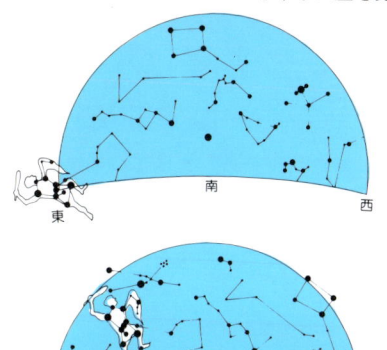

1月1日ごろ	17時	7月1日ごろ	5時
2月1日ごろ	15時	8月1日ごろ	3時
3月1日ごろ	13時	9月1日ごろ	1時
4月1日ごろ	11時	10月1日ごろ	23時
5月1日ごろ	9時	11月1日ごろ	21時
6月1日ごろ	7時	12月1日ごろ	19時

■は夜，▨は薄明，□は昼．

1月1日ごろ	20時	7月1日ごろ	8時
2月1日ごろ	18時	8月1日ごろ	6時
3月1日ごろ	16時	9月1日ごろ	4時
4月1日ごろ	14時	10月1日ごろ	2時
5月1日ごろ	12時	11月1日ごろ	0時
6月1日ごろ	10時	12月1日ごろ	22時

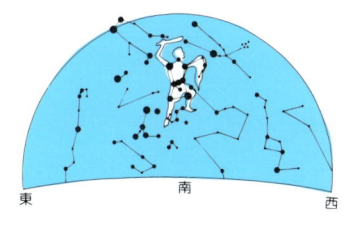

1月1日ごろ	23時	7月1日ごろ	11時
2月1日ごろ	21時	8月1日ごろ	9時
3月1日ごろ	19時	9月1日ごろ	7時
4月1日ごろ	17時	10月1日ごろ	5時
5月1日ごろ	15時	11月1日ごろ	3時
6月1日ごろ	13時	12月1日ごろ	1時

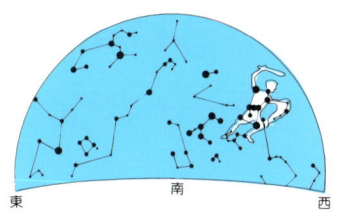

1月1日ごろ	2時	7月1日ごろ	14時
2月1日ごろ	0時	8月1日ごろ	12時
3月1日ごろ	22時	9月1日ごろ	10時
4月1日ごろ	20時	10月1日ごろ	8時
5月1日ごろ	18時	11月1日ごろ	6時
6月1日ごろ	16時	12月1日ごろ	4時

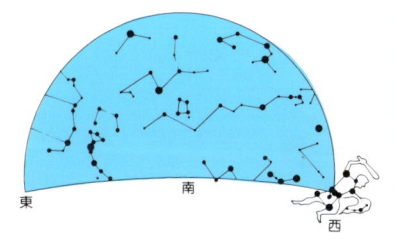

1月1日ごろ	5時	7月1日ごろ	17時
2月1日ごろ	3時	8月1日ごろ	15時
3月1日ごろ	1時	9月1日ごろ	13時
4月1日ごろ	23時	10月1日ごろ	11時
5月1日ごろ	21時	11月1日ごろ	9時
6月1日ごろ	19時	12月1日ごろ	7時

東経137°，北緯35°

オリオン座の歴史

いまから5000年ほど昔，バビロニア時代の星座の中に，"杖をもつ天の牧人"として，あるいは"狩人"としてえがかれていたのが，オリオン座の前身だという説がある．

オリオン座は黄道からすこしはずれているので，黄道12星座の仲間入りはできなかったが，あの特徴のある星列を，古代バビロニア人が見逃すはずはない，と私は考える．

天の牧人，狩人，巨人，強者，農

バルロウ星図の「オリオン座」

業神など，フェニキアやエジプト星座にも登場するが，こん棒をもつ狩人オリオンは，ギリシャ星座の中で

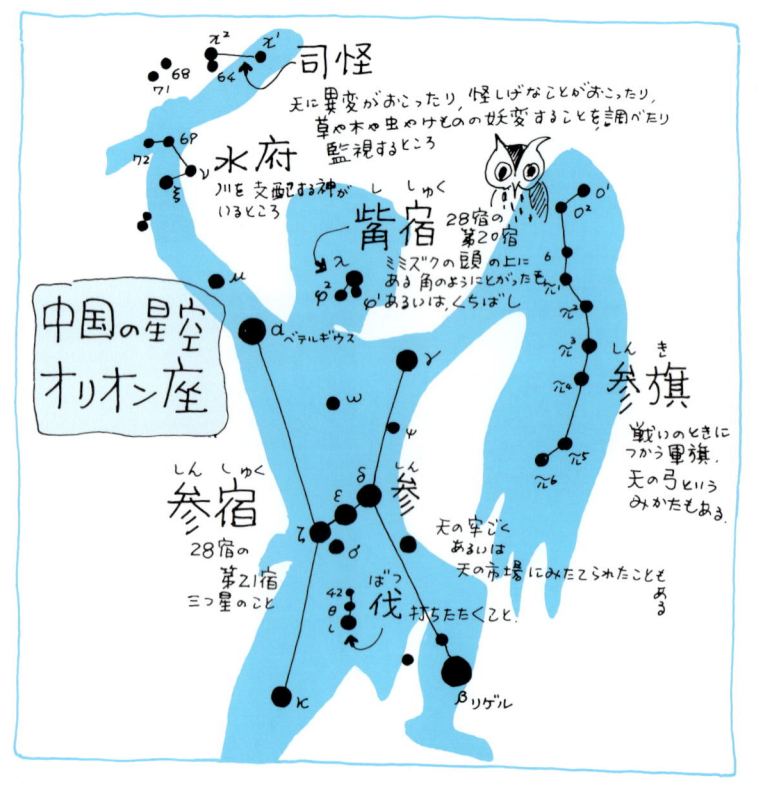

中国の星空 オリオン座

司怪 天に異変がおこったり，怪しげなことがおこったり，草や木や虫やけものの妖変することを調べたり監視するところ

水府 川を支配する神がいるところ

觜宿 28宿の第20宿 ミミズクの頭の上にある角のようにとがったもの，あるいは，くちばし

参旗 戦いのときにつかう軍旗．天の弓というみかたもある

参宿 28宿の第21宿 三つ星のこと

参 天の牢じく，あるいは天の市場にみたてられたこともある

伐 打ちたたくこと

αベテルギウス
βリゲル

はじめて誕生した．
　アラビア星座では巨人．
　もちろん，プトレマイオスの48星座のひとつだ．

⬆ ヘベリウス星図の
　　「オリオン座」

◀ フラムスチード星図の
　　「オリオン座」

オウシにたちむかう「オリオン座」・ボーデ星図から

オリオン座の星と名前

＊α アルファ
ベテルギウス（わきの下）

もともと羊のわきの下という意味だったらしいが，羊飼いが巨人オリオンになり，羊のわきの下は巨人オリオンのわきの下になったというアラビア名．ここに巨人オリオンをえがくと，わきの下というより"肩"と呼びたい位置にあるのだが…．

ベテルギウスは，日本で赤星と呼ばれたM型の赤色巨星だ．こん棒をふりあげたオリオンのわきの下が赤いのは，激しい運動のせいですれたのだろうか．

三つ星をはさんで輝く"赤いベテルギウス"と"白いリゲル"は，"平家星"と"源氏星"という呼名がすばらしい．平家の赤旗，源氏の白旗が三つ星をはさんで合戦のかまえをとる．木枯しにのって，ときおり「ワーッ」というときの声が聞こえてくる．

ベテルギウスはオリオンのわきの下

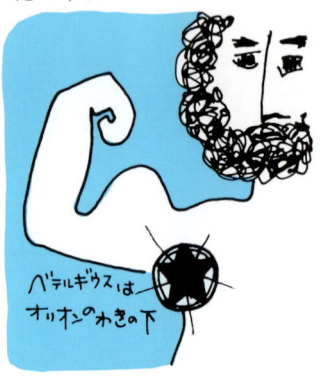

さて，赤くて明るいベテルギウスの正体は，太陽の直径のおよそ500倍もあろうかという赤色超巨星なのだ．かなり老年の星で，長い周期で脈動して，不規則に光度をかえる変光星である．

オリオン座付近はすべて若々しい青年の星でしめられているが，その中で一人，赤ら顔の長老ががんばっている．オリオン座の主星にふさわしいベテルギウスである．

< 変光 0.4等〜1.3等　M2型 >

＊β ベータ
リゲル（左足）

胸をこちらにむけた巨人オリオンの左足に輝く．

美しい白色星だ．赤いベテルギウスと対照させると，なお美しくみえる．巨人の左足にしておくにはおしい星である．

<　0.3等　　　B8型　>

＊γ ガンマ
ベラトリックス（女戦士）

死んだら私は「オリオン霊園」へ行って，女兵士に守られてゆっくり眠るのだ，と話された野尻抱影さんは，かなり美人の女兵士を想像しておられたようだが，さて，いまごろオリオン霊園でなにをしておられるか？

女兵士ベラトリックスの印象を，直接先生の口から，あの格調高いしゃべり口調できいてみたい．

このベラトリックス Bellatrix は，ギリシャ神話にでてくる女人国アマゾン Amazon（アマゾニス Amazonis）の女兵士である．

アマゾンは女性だけの国で、すべての女性が武装して戦いにでる。神話の中では北方の民族ということになっている。

他の国の男性とまじわって子どもが生まれると、女性だけを育てて男性はみな殺してしまうのだ。

女兵士たちは、弓を引くのにじゃまになるから、全員が右の乳房をきりとってしまった。アマゾンとはもともと乳房がないという意味であったという。

16世紀のなかごろ、スペインの軍人オレリャナが、アンデス山脈をこえてアマゾン川の上流から、川を下って大西洋にでるという探検旅行をした。そのとき、途中で女の兵士の加わった土人に襲撃された。以来、ギリシャ神話の女兵士にちなんで、この地方をアマゾニア、川をアマゾンと呼ぶようになったという。

< 1.7等　　B2型 >

✳ δ デルタ ────

ミンタカ（おび）

δ―ε―ζでつくる三つ星は、狩人オリオンのベルトをあらわす。

なかでも、このδ星はほとんど赤道のま上（天の赤道）にあるので、真東からのぼり、真西に沈む。いうなれば北極星に対して"赤道星"と呼びたい星である。

表面温度が3万度をこえる超高温星だから、その青白い輝きはみごとである。双眼鏡をつかって赤いベテルギウスと見くらべてほしい。

< 2.5等　　O9型 >

天の赤道につかまるオリオン

天の赤道

ベテルギウス
δ
オリオンのベルト
リゲル

✴ ε エプシロン

アルニラム (真珠のひも)

アルニラム Alnilam は，三つ星の呼名だったらしいが，いまは中心にある ε 星の呼名になった．

真珠のひもとは，なんとすばらしい呼名だろうか．

その名のとおり，三つ星はいずれも高温星なので，真珠にふさわしい青白い輝きをみせる．

オリオンはなんと真珠のひものベルトをつけているのだ．

双眼鏡をつかってこのあたりをみると，三つ星だけでなく，つながった微光星のひもがからまって "もつれた真珠のひも" といった感じになる．これがまたすばらしい．

< 1.8等　　B0型 >

✴ ζ ゼータ

アルニタク (おび)

オリオンのベルト (Orion's Belt) は，ζ 星側にのばすとおおいぬ座のシリウスがみつかり，δ 星側にのばすとおうし座のアルデバランがみつかる．

オリオン座の馬頭星雲 (パロマ天文台)

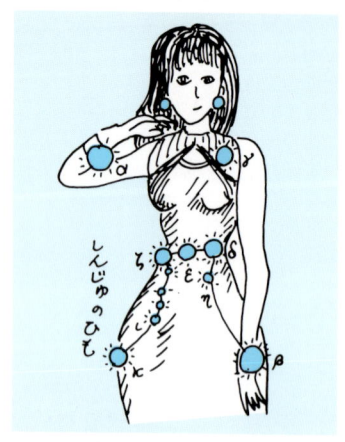

ζ 星のすぐ近くに， "馬頭星雲" という呼名で有名な暗黒星雲がある．もちろん，暗くて肉眼ではとても認められない．

長時間露出による天体写真にまかせるよりしかたがない．双眼鏡でも暗夜ならいくらかその感じがわかるという人もいるので，ためしてみてほしい．

私にはよく見えないのだが…．

< 2.1等　　B0型 >

✴ η エータ

サイフ (つるぎ)

オリオンのベルトの下にあって，オリオンが腰にぶらさげた小銭入れか財布？といったふうに見えるが，サイフ Saiph は財布にあらず，つるぎ (剣) のことだ．

一般に小三つ星 (θ 星付近) のことを "オリオンの剣 Orion's Sword" と呼んでいるので，η 星を剣にみたてると，オリオンは両腰に二挺拳銃ならぬ二挺剣をぶらさげた西部侍ということになる．

< 変光 3.1等～3.4等　　B1型 >

*θ¹ シータ
トラペジウム
(不等辺四辺形・台形)

θ¹は"小三つ星"の中心星だが,トラペジウム Trapezium の呼名で有名な四重星だ.

オリオンの大星雲のまっただなかにある四重星は,天体望遠鏡の力をかりると,かわいい台形をつくっているのがみえる.それはまるで大星雲から生まれた四つ子の赤ちゃんといった感じでかわいい.

事実トラペジウムはここで生まれたばかりの星のこどもたちである.大星雲はこれらの星々の光をうけて輝いているのだが,やさしく子どもたちをつつむ母親のようにもみえてくる.ここでは多くの星が誕生しつつあるわけだ.

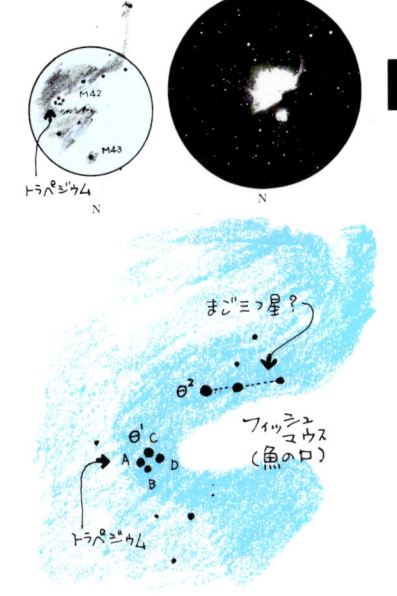

トラペジウムをみつけた人は,すぐ近くに,小さな小さな三つ星があることにも気がつくだろう.

オリオンの"三つ星"の下に"子三つ星"があって,そのまん中に望遠鏡を向けると,なんとそこに"孫三つ星"があるのだ.

```
┌─トラペジウム ABCD──────┐
│ A-B  6.9等-8.0等  視距離 8″.9 │
│ A-C  6.9等-5.4等    〃   13″.0 │
│ A-D  6.9等-6.8等    〃   21″.7 │
└──────────────────────┘
```

< θ¹   5.4等   O6型 >

* ι イオタ

小三つ星の中でもっとも明るいのがこのι星だ.小三つ星は下(南)から順に明るいのだが,三つ全部見えたら,あなたの視力は合格.

この星は,オリオンの剣(小三つ星)の中の最重要星なので,κ星につけられたサイフ(つるぎ)という呼名は,この星の呼名としたほうがふさわしいのだが?

<   2.9等   O9型   >

オリオン座の三つ星と小三つ星

* κ カッパ
サイフ (つるぎ)

オリオンの右足に輝くのだから，剣にみたてるには少々無理があるようにおもう．佐々木小次郎のようにかなり長い剣をぶらさげていることになる．

< 2.2等　　BO型 >

* λ ラムダ
メイサ (巨人の頭)

ちょうど巨人オリオンの頭のあたりに輝くメイサ Meissa は，めだたない4等星で，巨人の頭にふさわしい迫力は感じられない．近くにある φ^1，φ^2 星と結んでできる小さな三角をまとめてオリオンの頭にみたてることにしよう．

< 3.7等　　O8型 >

* o^1 o^2 π^1 π^2 π^3 π^4 π^5 π^6
オリオンの盾

オリオンがシシの毛皮を盾にしてオウシの目の前につきだしているようすは，o^1, o^2, そして，π^1 から π^6 を結ぶと，うまく表現できる．

視力に自信のある人は肉眼で，ない人はオペラグラスか双眼鏡で，オリオンの盾をさがしてみよう．いかにも毛皮の盾らしく，変化をつけてつらなっているのが楽しい．

<o^1 5.2等，o^2 4.3等，π^1 4.7等，π^2 4.4等，π^3 3.3等，π^4 3.8等，π^5 変光星，π^6 4.7等>

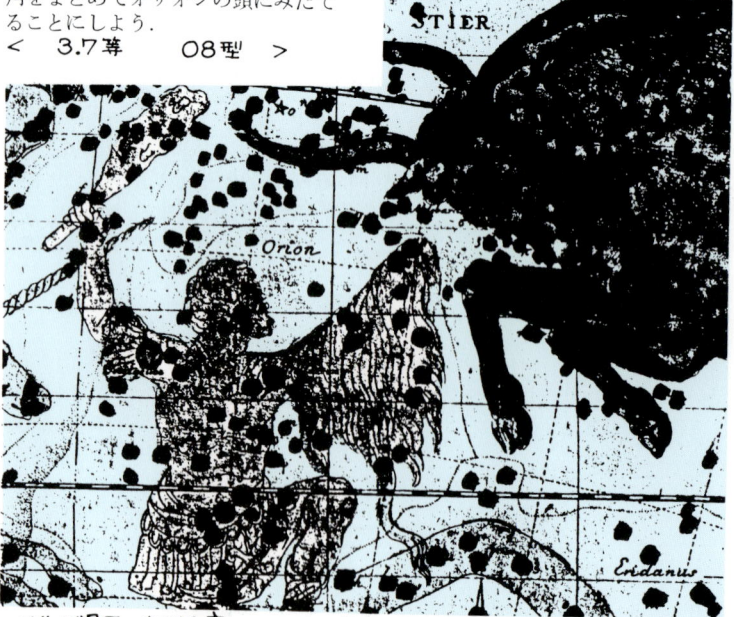

ボーデ星図のオリオン座　　毛皮のたてをもって オウシとたたかう オリオン

「オリオン座」(撮影・柴田浩一)

オリオン四つ星いろいろ

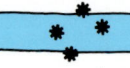

*オリオンは男性？それとも女性？

オリオンの三つ星，オリオンの四角形，オリオンの赤白の二つ星，いずれをとりあげても，これほど人目をひく材料のそろった星座はほかにない．

日本でも注目された星座で，古くからいろいろ呼名も多い．

オリオンの四角形は，"しぼし（四星）"，"四つ星""たこぼし（凧星）"．三つ星と結んでできる中央のくびれた形から，"つづみぼし（鼓星）""ちょうぼし（蝶星）"などがある．

オリオン座を線で結ぶとき，四角に結ぶ人と，チョウのように中央をくびらせて結ぶ人がある．好みのもんだいでどちらでもいいのだが，なかにはこだわる人もある．あなたの場合はどちら派だろうか？

私は四角派である．中央をくびらせたオリオンは，豪傑のイメージから遠ざかって，弱々しいというか，スマートというか，どちらかというと"むすめオリオン"といった雰囲気になるからだ．

ここに"アマゾネスオリオン（アマゾンの女戦士オリオン）"をえがくなら，もちろんウエストはよく締まっていたほうがいい．

実は，γ星をベラトリックス（女戦士）と呼んだのは，かつてオリオンを女性にみたてたこともあったということらしい．

どちらでもいい話が，オリオンは男性（四角星）か？ それとも女性（くびれ星）か？ という大問題に発展しそうだ．

立春の2月，オリオン座はタコのように南の空高く舞い上がる．底冷えのする2月の夜は，耳をすませると，オリオン凧の糸のうなりが聞こえるだろう．

✦✦✦ オリオン三つ星いろいろ ✦✦✦

オリオンの"三つ星"は、オリオンの"ベルト"にあたるが、ほとんど等間隔に、一直線に並んだ三つ星は、オリオン座の中心にあって誰の目にもとまりやすい。オリオンから三つ星をとりあげたら、オリオンは重心をうしなって倒れるか、空中分解するにちがいない。

日本で"三つ星さま""みつぼっさん"という呼名は古くから、そして、日本の各地でそう呼ばれたらしい。

中国でこのあたりを"参宿(しんしゅく)"といったのも同じ意味だろう。

同じような呼名はそのほかにも多い。"さんこう(三光)""さんこぼし""さんちょうのほし(三丁星)""さんちょうれん(三丁連)""みつれん(三連)""さんじょうさま(三星様)""さんだいしょう(三大星)(三大将)""さんだいみょう(三大名)""さんたろうぼし(三太郎星)""みつがみさま(三神様)""さんだいし(三大師)""みつじぞう(三地蔵)"など、三つ星は日本でかなりの人気星であったようだ。

三つ星が一直線に並んでいることから、棒や剣にみたてた呼名も多い。"さんぎぼし(算木星)""ヤコブのつえ""聖母マリヤの杖""たけのふしぼし(竹の節星)"などがある。これほど名前のつけやすい星もめずらしいと思う。目をつぶって2〜3分考えたら、三つ星のニックネームの一つや二つは浮んでくるだろう。

✻ 小三つ星・影三星・いんきょ星

三つ星のちかくにある小三つ星もおもしろい。三つ星と三つ星ジュニアとの対照が楽しいからだ。

"かげさんじょう(影三星)""いんきょぼし(隠居星)"というのもおもしろい。そのほか"みつぼしのおともぼし""ともぼし"、そして、三つ星のまねをしているというのだろうか。"まねぼし"というのは傑作だ。

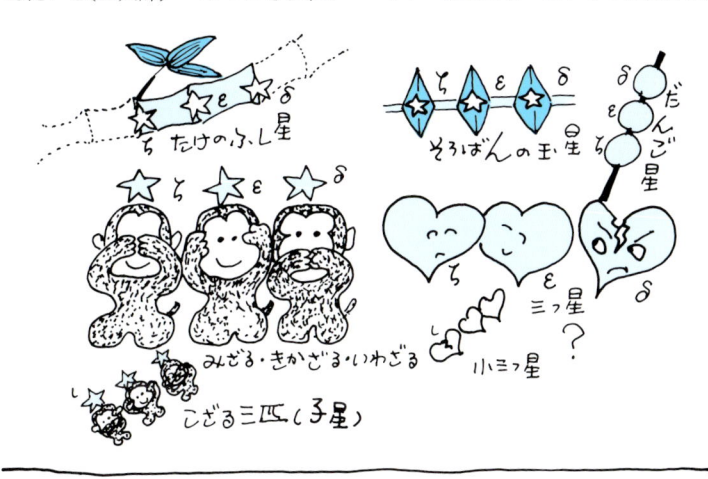

オリオン三つ星・小三つ星

✽からすき星 さかます星

　三つ星とη星と小三つ星を結ぶと小さな四辺形に，小さな柄がついたようにみえる．農具の"からすき(柄鋤)"にみたり，酒屋の"さかます(酒桝)"にみたてた呼名は，そういった形からの連想だろう．

　さて，このオリオンの三つ星，そして小三つ星のあたり，あなたにはなにがみえるだろうか？

✽オネショの神様？

　ところで，冬の寒空にのぼる三つ星様は"オネショの神様"である．
　くせのわるい子は"三つ星さま"におねがいすると，霊験あらたか，たちどころになおるというのだ．ゆめゆめうたがうことなかれ．
　この話，少々マユツバだが，三つ星と寝小便を結びつけるみかたがなかったわけではない．中国で，三つ星(参)と月の位置で天気占い，つまり，雨降りを予言したことに由来するのだろうと野尻さんはいう．そして，三つ星を"いびたれぼし(寝小便たれ星)"と呼んだ．
　三つ星をオネショ星にみると，なんとそれをかこむ四辺形がオフトンに見えてくる．そして，オネショ星のすぐ下の小三つ星と大星雲M42はオネショの跡にちがいない．
　星の子が，大きなオネショブトンを背中にせおわされて，冬の寒空でふるえている．

話題 オリオン・オニオン・キドータイ

節分に、「オニはーソト、フクはーウチ」の声を聞くと、オリオンがオニの姿にみえてくる。

ヒヤデスとプレアデスの星々が、オニにむかって投げつけられた節分の豆にみえておもしろい。

ところでこのオニオン？ 豆の攻げきにひるむようすもなく、盾をかざして、逆にジリジリと投げ手にせまろうとしている。

星座にえがかれた絵や、線や、それにまつわる話は、その役わりを星に親しみをおぼえ、より星をみつけやすくでき、星をみることへの興味をより高められることに限るなら、かならずしも、古い星座絵や、いい伝えに忠実である必要はない。

星座には、もっと自己流の工夫がいろいろあってもいいのではないだろうか。古典落語に対して新作落語のようなものだ。

柳家つばめさんとはなしたとき、「私の新作落語は、演じたとき価値があればいいとおもってる」といった言葉が印象的であった。

天文学入門のための星座の絵や話は、そのとき、その人に価値があればいい。かならずしもギリシャ神話に忠実である必要もないし、スジがきに現代的な解釈を加えても、まったくの創作であってもかまわない。ときには、その中から、まちがって次の時代の価値ある古典として生き残る作品がでてもいいのではないか…というのだ。

ヘルメットをかぶったオリオンがアルミ製のたてをかまえて、警棒をふりかざしていたほうが、星と人の心を、より強く結びつけることもあろう。

もちろん、そのときのオリオンキドータイイン（機動隊員）の相手はゼンガクレン（全学連）だ。プレアデスやヒヤデス星団の星々は、ゼンガクレンの投げた石つぶてということになる。

天文学の中で窓際族となった星座にも、人の心を広い宇宙や天文学へさそう招待状として、なくてはならない重要な役わりが残されている。

古きよき時代の遺物として、忘れられたり、カビくさい古典として限られた愛好家のコレクションになっては大変。

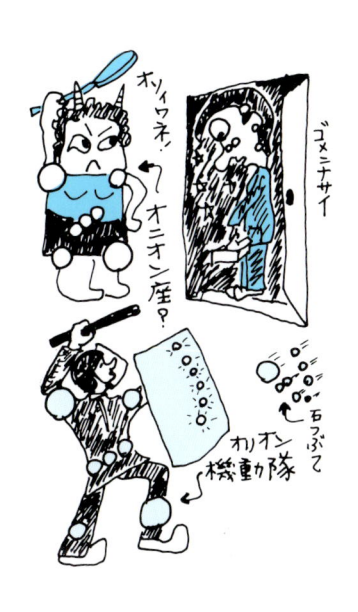

オリオン座の伝説

●オリオンは海神ポセイドンの子

オリオンOrionは,少々乱暴だが狩りの名人として知られていた.背の高いなかなかの美男子で,いくつかの恋の物語もある.

一般にオリオンの父は海の神ポセイドン,母はミノス王の娘エウリュアレとされている.彼は海の上を平気であるくことができたといわれるが,それは父ポセイドンから授かった超能力らしい.

オリオンの生まれについては別の説もある.

ヒュリエウスHyriusという年老いた農夫がいた.

ある日,ゼウス,ポセイドン,ヘルメスの三人が旅の途中で彼の家にたちよった.ヒュリエウスが心から三人を歓待したので,神々は彼になにか願いごとがあれば,お礼にかなえてやろうといった.

彼は愛した妻がすでにこの世にいなかったので,自分の子どもが欲しいといった.神々は前日彼がいけにえとしてささげた牡牛の皮に,めいめいの精液を流してつつみ,それを地中にうめるよう命じた.

10か月後,大地は巨人オリオンを生んだ.そこで神々はこの子をヒュリエウスの息子にしたというのだ.

オリオンは,大地の女神ガイアの子である,という説もある.

(ギリシャ)

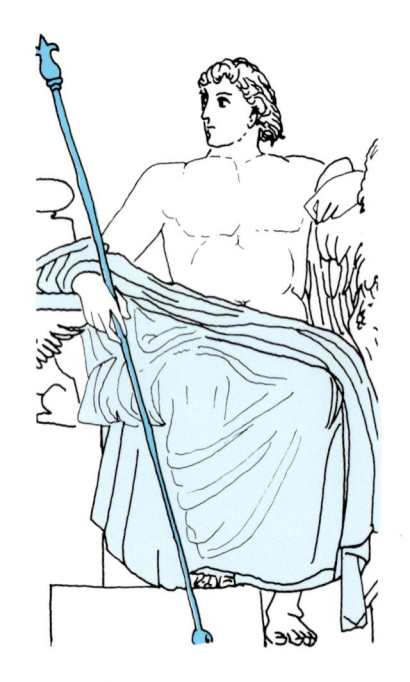

●メロペを愛した狩人オリオン

オリオンはシデSide(ザクロ)というたいへん美しい女性を妻にむかえた.ところが,シデはあまりに美しすぎて,女神ヘラとその美を競ったため,女神の怒りをかって冥府に突き落とされてしまった.

その後,オリオンはキオス島で,メロペという可愛い女性にであう.

メロペMeropeはキオスの王オイノピオンの娘であった.

メロペを愛したオリオンは,狩りの獲物を毎日彼女にささげた.それを知った父オイノピオンは,オリオンに島を荒らす野獣を退治してくれるようにたのんだ.そして,約束を

はたしたら，望みどおり娘メロペを
あたえてもよいといった．

　喜んだオリオンは，たちまち島中
の野獣を退治してしまった．ところ
が，王は次から次へといろいろ口実
をつくってオリオンを働かせるのだ
が，なかなか二人の結婚を認めよう
としない．

　とうとうしびれをきらしたオリオ
ンは，酒に酔ったいきおいで，メロ
ペを力ずくでさらって自分のものに
してしまった．

　怒った王は，酒の神ディオニュソ
スにたのんで，オリオンをぶどう酒
ですっかり酔わせ，ねむっている彼
の目に焼けた剣をつき刺した．オリ
オンは盲目にされて，海辺にすてら
れたのだ．

　盲目になったオリオンに，神託が
聞こえてきた．
「どこまでも東へ進むがよい．そし
て昇る太陽の光を目に受けるなら，
再び視力を呼びもどすことができる
だろう」

　オリオンはまず火と鍛冶の神ヘ
ファイストスの打つ槌の音をたよりに
鍛冶場をたずねた．彼はそこでヘ
ファイストスの師匠であるケダリオン
の協力がえられることになった．小
男だったケダリオンは，オリオンの
肩の上にのって，彼を太陽の昇る東
へ導いた．海をわたってレムノス島
へついた時，オリオンは昇ってくる
太陽の神ヘリオスに出会うことがで
きた．

　太陽の光をうけて，オリオンの目
はなおった．オリオンはすぐキオス
島に引き返してオイノピオン王をさ
がした．しかし，王はヘファイスト
ス神につくってもらった秘密の地下
室にのがれたので，オリオンは復しゅうをとげることはできなかった．
　　　　　　　　　　　（ギリシャ）

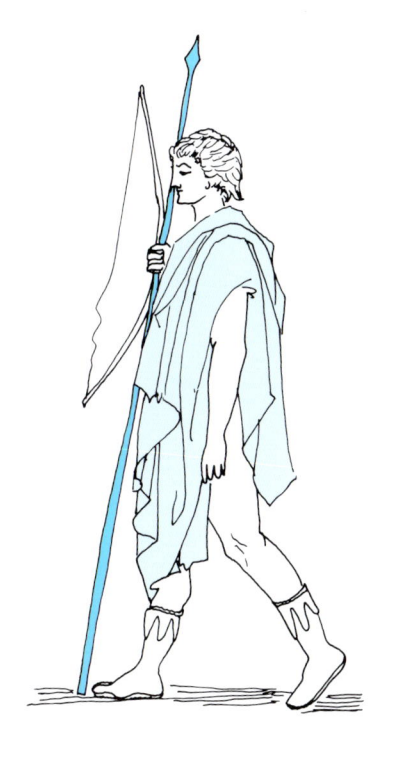

●オリオンと七人の娘たち

オリオンが美しい七人の娘たちを追いかけて星になったという話がある。

月と狩りの女神アルテミスは、いつも多くのニンフ Nymph 達をつれて狩りにでた。七人の娘たちもその中に加わっていた。

七人の娘はいずれも巨人神アトラスの子で、母親のプレイオネに似た美しい娘たち（プレアデス姉妹）であった。彼女たちは狩りのあと、かならず泉で水浴びをして森の広場で踊るのだ。

ある夜、オリオンは月の光の下で踊る彼女たちの魅力的な姿を見てしまった。

オリオンはもっとよく彼女たちを見たくなって近づいた。突然あらわれた大男に驚いた娘たちは、森の中へ走って逃げた。

逃げまどう娘たちのみだれた姿は逆にオリオンの心を挑発することになった。オリオンが狂ったように彼女たちを追いかけ、いまにも追いつこうという時、女神アルテミスは彼女たちを七羽の白いハトに姿をかえた。ハトはそろって天に向かって飛びたちオリオンからのがれることができた。彼女たちは七つの小さな星のむれになった。プレアデス星団という。

こん棒をふりかざして西へ向かうオリオン座の前に、かわいい星のむれがみつかるだろう。

オリオンは星になったいまも、星になったプレアデス姉妹を追いつづける。

（ギリシャ）

●サソリに殺された巨人オリオン

クレタ島にわたったオリオンは、美しい狩りと月の女神アルテミスに出会う。彼はこの島で女神につかえる狩人になった。

背の高い美男子オリオンは、女神アルテミス Artemis に愛されたが、オリオンを愛したのはアルテミスだけではなかった。アルテミスの妹、曙の女神エオス Eos（ローマ神話のアウロラ）にもみそめられて愛しあった。

このことを知ったアルテミスは、嫉妬に狂ってオリオンを殺してしまった。

別の説では、オリオンが女神アルテミスのお気に入りの乙女オピスをおそったため、アルテミスの怒りをかったのだとも、あるいは、アルテ

ミス自身を犯そうとしたためだともいわれる.

怒ったアルテミスは, 巨大なサソリをおくって, オリオンを刺し殺させてしまった.

オリオンは, 天で星座になったのだが, やはり星座になったサソリを恐れていつも逃げまわっている.

さそり座が東の地平線からのぼるとき, オリオン座はかならず西の地平線の下に沈もうとしていることからの連想だろう.

オリオンが殺されたのは, 自分はどんな動物でもこの手で殺すことができると力を誇って女神を怒らせたため, あるいは, 彼が恋人のために地上の動物のすべてを捕えて絶滅させるのでは…, と大地の女神ガイアを恐れさせたからだともいわれる.

女神ガイアは, サソリに命じてオリオンを刺し殺させてしまった.

(ギリシャ)

●アルテミスに愛されたオリオン

月の女神アルテミスが, オリオンにサソリをおくって刺しころさせたいほど憎いと思ったのは, お気に入りのオピスがおそわれたとき, 彼女の心がすでにオリオンを愛してしまっていたからだともいう.

しかし, 嫉妬にくるってサソリのようにトゲトゲしくなったアルテミスの心も, 時とともにやわらぎ, いつしかオリオンをやさしく愛するようになった.

オリオンに夢中なアルテミスに, 耐えられないおもいをしたのは, アルテミスの双子の兄妹 (姉弟?) であったアポロンだった.

アポロンは乱暴なオリオンが好きになれなかったのだ. アルテミスをことあるごとにののしったが, 彼女

の心をかえることは，もちろんできなかった．

ある暑い日だった．アポロンは遠い海の沖で一人泳ぐオリオンの姿を認めた．遠いのでオリオンは，鹿のようにも，熊のようにも見えた．

「アルテミスよ，いまあそこに海をわたる大鹿がいる．どうだおまえの弓自慢は日ごろからよく聞かされておるが，あれほど遠くてはさすがのお前のうででをもってしても，一矢で射とめることはできまい」

アポロンの挑発的な言葉に，うっかりのせられたアルテミスは，みごと一矢で海の上の黒い点を射抜いてしまった．そして，アルテミスは自分の矢の的(まと)になった獲物が，こともあろうに愛するオリオンであることを知った．その驚きと悲しみはアルテミスに夜を照らすことすら忘れさせてしまうほどだった．

打ちひしがれたアルテミスに同情した大神ゼウスは，オリオンを天にあげて星にした．そこはちょうどアルテミスが夜空を照らすために車をはしらせる通路にあたるところだ．アルテミスがいつも恋人オリオンの姿を見られるようにという，大神ゼウスの配慮によるものだろう．

（ギリシャ）

●アルテミスとオリオンの月に一度のデート

月は公転運動でみかけの位置を毎日かえる．一日に約13°ずつ東へ移動して，一か月に一度は恋人オリオンのすぐ上を通る．月の女神アルテミスはいまも月に一度のデートを楽しみに星空をまわり，夜を照らし続けるのだ．

● 参商の不和物語

　昔，高辛氏（こうしんし）の二人の息子"閼伯（あつはく）"と"実沈"は，たいへん仲がわるく，いつも争ってばかりいた．

　あまりに仲のわるい兄弟に手をやいた高辛氏は，二人を遠くに離して住まわせることにした．そして，閼伯には東の商星をつかさどらせて，実沈には西の参星をつかさどらせることにした．その後，二人は二度と顔をあわせることはなく，平和がたもたれたという．

　商星は東の地平線からあらわれたさそり座三星，参星は西の地平線に沈もうとするオリオン座の三星をさしている．

　さそり座に追われるオリオンの話と，妙に符合しているところがおもしろい．

　参星（オリオン）が東にいて，西に商星（サソリ）が沈もうとする時だってあるのだが，なぜか商星は東の星とされている．

　「参商（しんしょう）」は，人がながく顔をあわせないこととか，兄弟不和をあらわす言葉としてももちいられた． （中国）

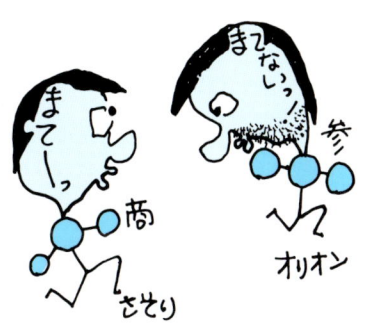

● シカに命中した矢（三つ星）

　中国ではオリオン座の四辺形をトラ（白虎）にみたてたらしいが，インドでは同じところをシカにみたてた．

　三つ星はシカを追う狩人がはなった矢をあらわしている．矢はみごとシカの腹に命中している．シカを追う狩人というのは，オリオン座に続いてのぼるおおいぬ座のシリウスである． （インド）

● オリオン酒場で飲みにげをしたスバルたち

　三つ星の追いかけっこは，日本にもある．

　オリオンの三つ星のちかくに，小三つ星と呼ばれるかわいい三つ星がある．このあたりを結んで"酒ます星"というが，このオリオン酒場で飲みにげをしたのがスバル星たちなのである．

逃げるスバルを店主の三つ星が追いかけ，いままさにスバルが西の地平線の下へ沈もうとするときにつかまえる．

両者は昇る時にはたてに並んでいるが，沈む時はほとんど横に並んでしまうからだ．

酒よい星（さそり座のアンタレス）が，酒ます星（オリオン座三星）の酒場で飲みにげをした．ところがこっちの飲みにげはみごとに成功．

酒ます星は酒よい星を追いかけるのだが，酒よい星とも思えない逃げ足の速さに，とうてい追いつけそうにない．酒よい星が西に姿をかくそうとするころ，やっと酒ます星は東の地平線から顔を出すのだから勝負にならない．

それにしても，酒よい星が赤い顔をして走るのだからおもしろい．

この話，珍しく"さそり座"が"オリオン座"に追いかけられている．

（日本）

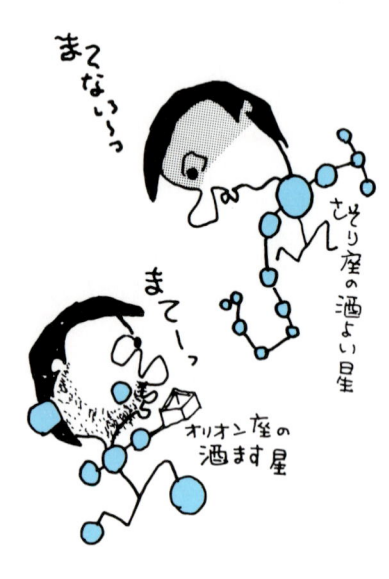

●働きものの星　怠けものの星

昔，七人の怠けものの娘がいた．そして，その隣村にたいへん働きものの三人の若者がいた．

三人の若者は，ある日娘たちにいった．

「すこしは働いてみてはどうかね」

ところが娘たちは

「いらぬお世話さ，いらんことはいってほしくないね」

といって，むしろ毎日働くことしか能のないお前たちのようにはなりたくない，という態度をあからさまにみせた．

生意気な娘たちに腹をたてた若者は，娘たちをつかまえようと追いかけた．娘たちは舟にのって空にむか

って逃げた.
　若者たちも舟で追ったが、漕ぎ手が多い娘たちの舟にはとても追いつけない.
　このようすを見た天の神様は、娘たちの前に立ちふさがって叫んだ.
　「こらーっ！そこで止まれっ.怠け者めが、逃げられるものなら逃げてみろ！」
　娘たちは、怠け者のいましめとして、はっきりしない淡い星の群れにされてしまった.そして、三人の若者は、その働きぶりをほめられて、きちんと並んだ美しい三つ星にしてもらった.
　怠け者の娘たちがなった淡い星の群れは、プレアデス星団のことだ.
　いまでも、冬の夜は三人の若者が娘たち（プレアデス星団、すばる）を追いかけるところが見られる.
　　　　　　　　　　（日本・アイヌ）

●サンワンのてんびん棒

　昔、インドにサンワンという親孝行な息子がいた.
　彼は目の不自由な両親をいつもカゴにのせて、てんびん棒でかついで歩いた.
　ある日、両親がのどがかわいて水が飲みたいといったので、近くの宮殿の池で水をくもうとした.
　ところがなんと、その池は王様が宮殿の庭につくらせたばかりで、まだ完成の式典がすんでいなかったのだ.
　水をくむサンワンを見て、たいへん腹をたてた王は、部下に命じて弓矢で射殺させてしまった.
　その後、王はサンワンがとても評判のいい親孝行な息子であることを知った.王ははやまった自分の行動をはじて、さっそくサンワンの両親のもとに水をはこんで、心から不始末をわびた.
　天の神は、サンワンのてんびん棒を天に上げて星（オリオン座の三つ星）にした.
　　　　　　　　　　（インド）

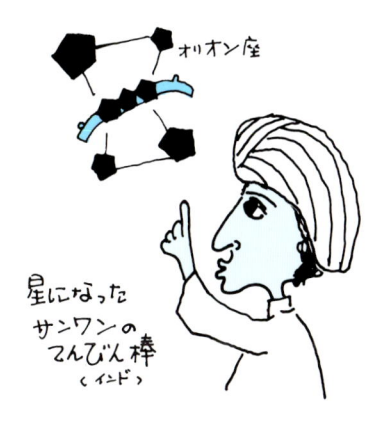

オリオン座の見どころガイド

※オリオンの大星雲 M42

肉眼でもみえる"オリオンの大星雲M42"に、まず目をむけることにしよう。

"小三つ星"の中央にあるθ星をぼんやりつつむ光が、もし見えなかったら、あなたの視力に少々おとろえがみられるのでは…? あるいは、少々空の条件が悪いのだろう。

双眼鏡をつかえば、だれの目にもまちがいなくM42の姿が認められるはず。それだけではない、肉眼では小三つ星にしかみえなかったこの付近に、三つどころかもっと数多くの星がころがっていて、どれが小三つ星だったのかすらさだかでなくなってしまう。それらの星々は、このあたりで生まれて間もない若い星々なのだ。

もし天体望遠鏡をつかってM42をみる機会があったら、あなたは"マントをひろげた空飛ぶ黄金バット"の偉容に驚かされるだろう。

フイッシュ・マウス(魚の口)といわれる暗黒の湾の形もみえるし、微妙なコントラストもみえてくる。すこし口径の大きい天体望遠鏡では、人によっては、カラー写真でみるような美しいピンク色がかすかに感じられるともいう。

とにかく、みのがせない大星雲である。トラペジウムはこのM42の中心にある。

< M42・散光星雲・4.0等
　視直径66′×60′・距離1500光年 >

※M43は大星雲のくちばし?

ことさらM42とわけることもないのだが、大星雲M42の一部が、ちぎれ雲のように小さくつきでているところをM43と呼ぶ。その形をみるためには、やはり天体望遠鏡をのぞくチャンスを待つよりしかたがないだろう。

天体写真のM43は、露出オーバーのせいで、ほとんどがM42とくっついている。

M42をひろげた鳥の羽根にみたてると、頭ととがったくちばしにみえる部分がM43。

< M43　散光星雲・9.0等
　視直径2′・距離1500光年 >

NEBVLOSA ORIONIS.

右はハーシェルのスケッチした オリオン大星雲
左はガリレオのオリオン大星雲

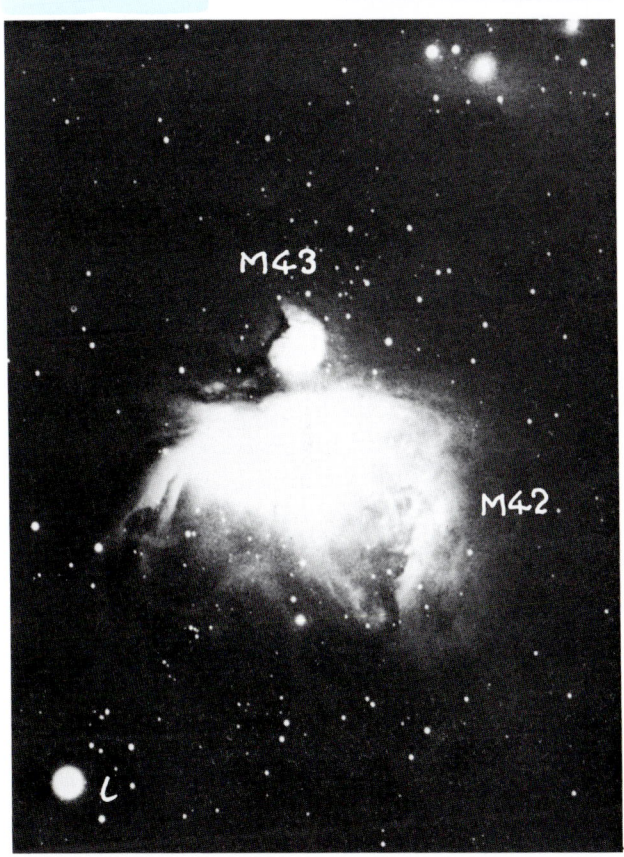

みごとなオリオンの大星雲　（撮影・本田正春）
鳥のくちばしのようにみえるところがM43

4 うさぎ座（日本名）
LEPUS レプス（学名）
はと座
COLUMBA コルンバ
ちょうこくぐ座
CAELUM カエルム

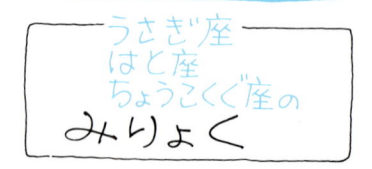

うさぎ座 はと座 ちょうこくぐ座の みりょく

　巨人オリオンの足の下で，小さなウサギがふるえている．

　猟犬に追われてオリオンに助けを求めている風にも見えるし，オリオンの大きな足の下で"万事休す"といったようすでもある．

　上にオリオン，うしろ（東）に猟犬（おおいぬ座），そして，前方（西）にはエリダヌス川があって逃げることもできない．このかわいそうなウサギ，どうやって助けたものか？

　輝星がないので目だたないが，その気になってさがすと，西にむかってピョンと跳ねたかわいい野ウサギがみつかるだろう．

　おもわず抱きあげて，絶体絶命の危機から救ってやりたくなるほど愛らしいうさぎ座である．

　オリオンの足の下にウサギがいてそのまた下にハトがいる．

　ウサギもハトも，平和のシンボルである．

　どういうわけか，平和のシンボルが両者共に，暴力のシンボルともいえるオリオンの足の下に踏みつけられている．気にいらない構図だが，世の中そういうものだと暗示しているつもりなのだろうか．

　はと座の西に，ピタリよりそった縦長の小さな星座がある．

　この星座が細長いのは，彫刻用のノミをあらわしているからだ．名付けて"彫刻具（ちょうこくぐ）座"．α星を含めてすべて5等星以下という暗い星座なので--見あるのかないのか，「こんな星座なくてもいいのじゃないか」とおもえるほど影のうすい星座だが…．

109

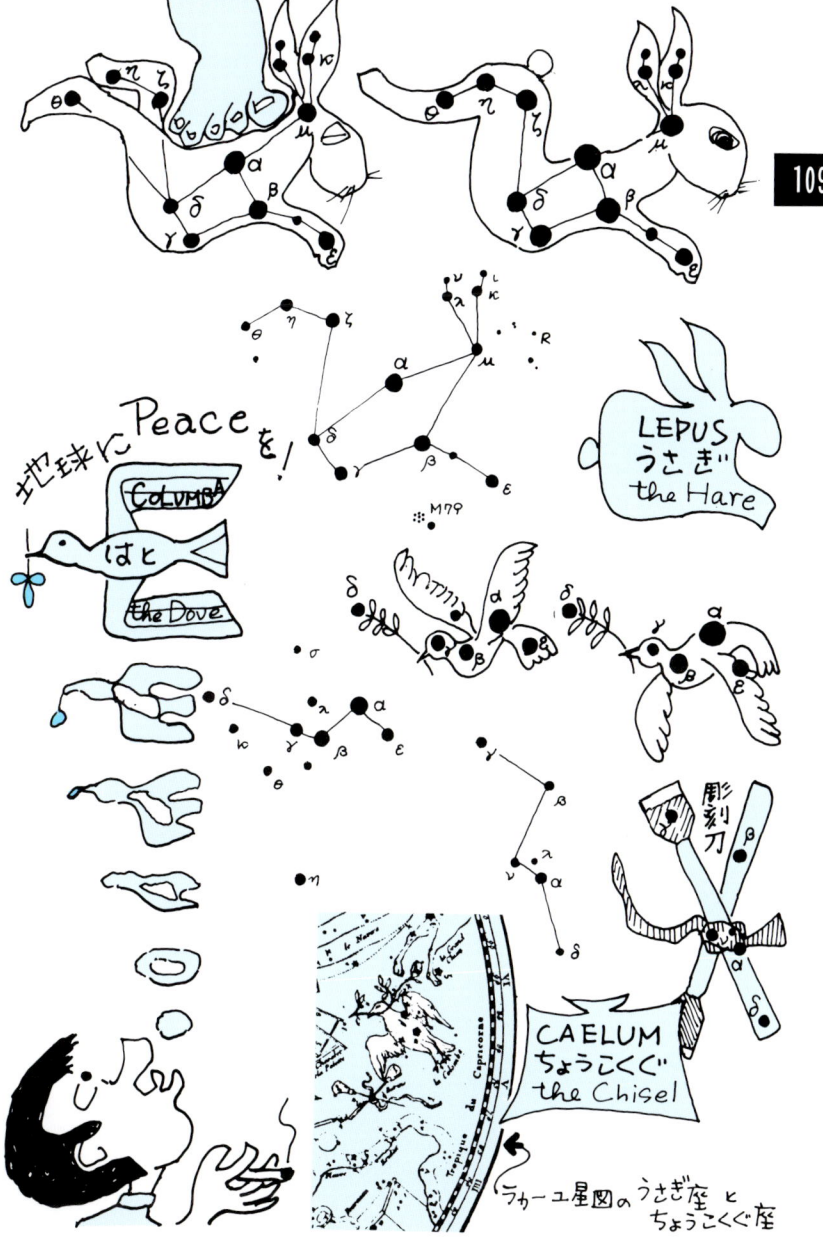

地球に Peace を!

COLUMBA
はと
the Dove

LEPUS
うさぎ
the Hare

CAELUM
ちょうこくぐ
the Chisel

彫刻刀

ラカーユ星図の うさぎ座 と
ちょうこくぐ座

うさぎ座・はと座・ちょうこくぐ座の星々

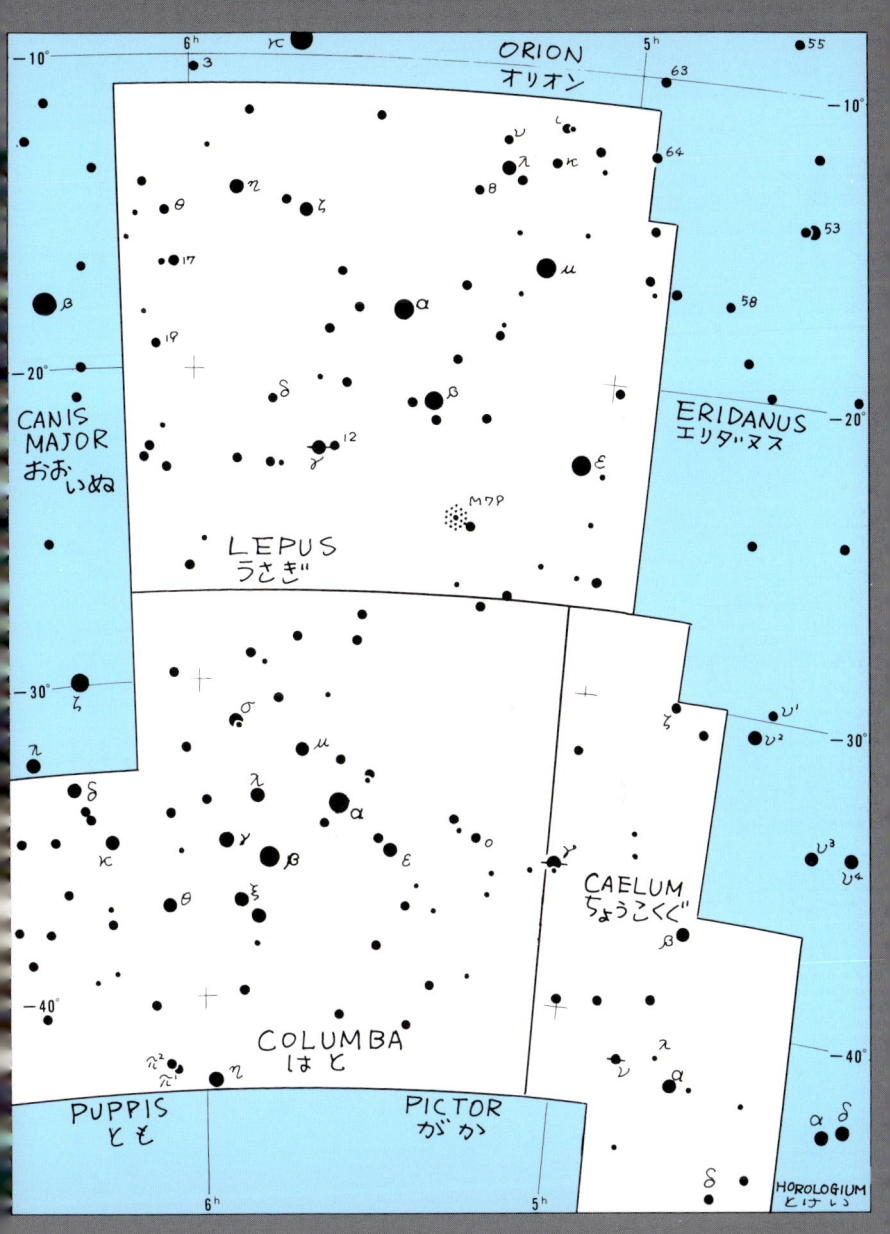

うさぎ座・はと座・ちょうこくぐ座の星図

うさぎ座 はと座 ちょうこくぐ座の みつけかた

うさぎ座は、おおいぬ座のシリウスとβ星を結んで先にのばしたところに、α星（2.7等）をみつけるといい。

α—β—γ—δでつくる小さな四辺形がウサギのからだをあらわし、β星からヒョイとでたε星が前足。

α星の西にあるμ星はウサギの頭をあらわし、その上のλ星とκ星を長い耳にみたてればいい。

耳のすぐ上には、オリオンの大きな足（リゲル）がある。南中したオリオンのま下をさがす手が、もっとも単純でわかりやすい方法である。

うさぎ座の下にはと座がある。

β—α—εの三星でつくる小さなへの字がみつかればいい。このあたりにオリーブの小枝をくわえたハトを想像してほしい。

ちょうこくぐ座は、はと座から双眼鏡片手にたどってみることだ。おそらく「なるほど、これがちょうこくぐ座か」といって確めた人はほとんどいないだろう。

誰もみたことのない星座を、星図をたよりに苦労してさがすのも、星座の楽しみの一つである。

うさぎ座・はと座・ちょうこくぐ座の日周運動

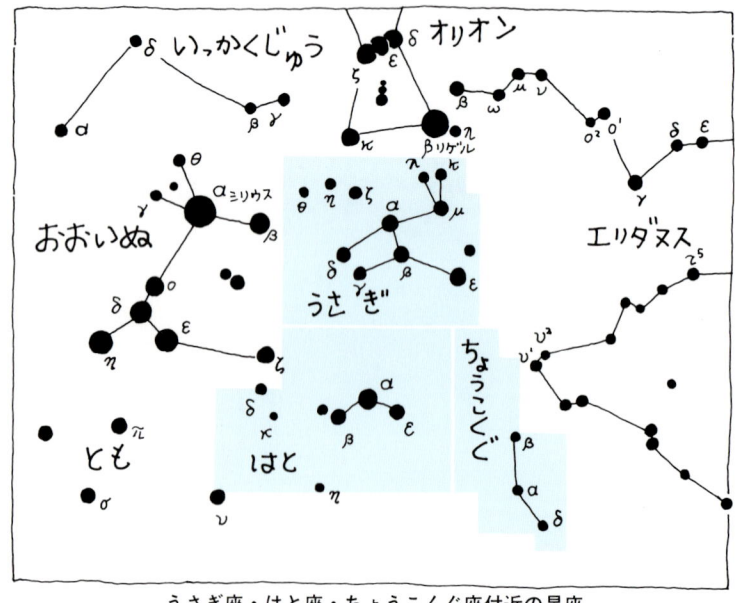

うさぎ座・はと座・ちょうこくぐ座付近の星座

うさぎ座・はと座・ちょうこくぐ座を見るには（表対照）

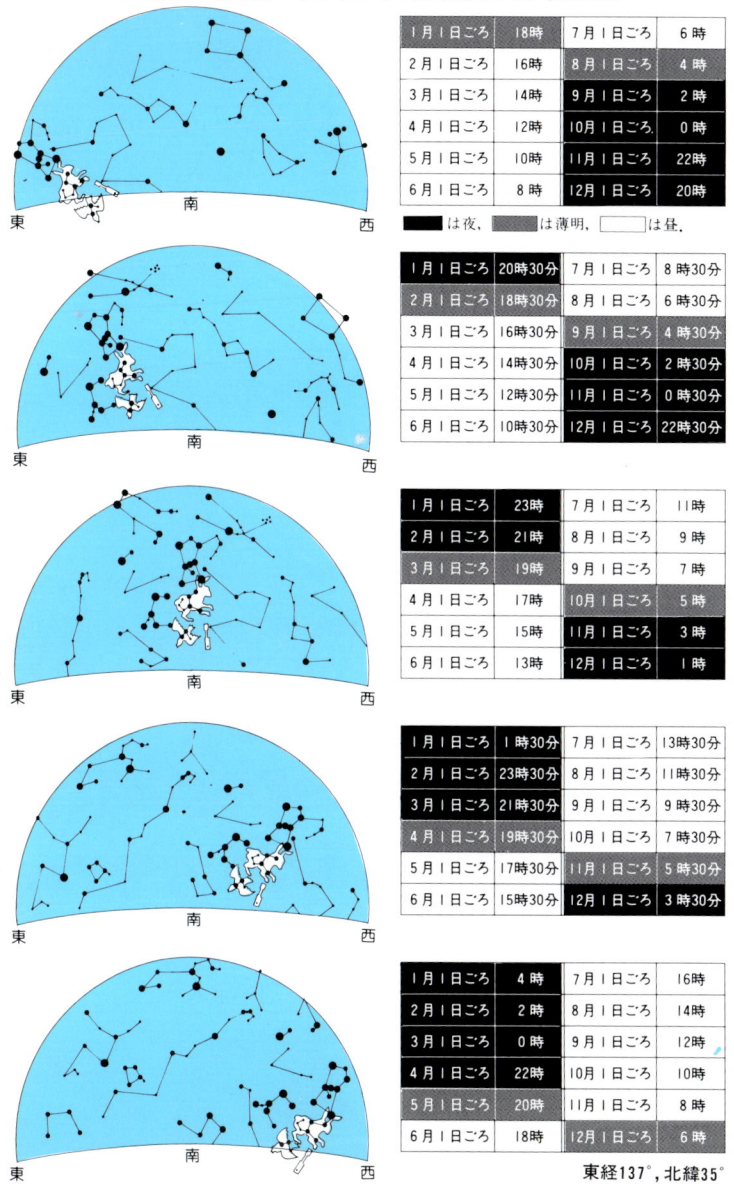

1月1日ごろ	18時	7月1日ごろ	6時
2月1日ごろ	16時	8月1日ごろ	4時
3月1日ごろ	14時	9月1日ごろ	2時
4月1日ごろ	12時	10月1日ごろ	0時
5月1日ごろ	10時	11月1日ごろ	22時
6月1日ごろ	8時	12月1日ごろ	20時

■は夜，▨は薄明，□は昼．

1月1日ごろ	20時30分	7月1日ごろ	8時30分
2月1日ごろ	18時30分	8月1日ごろ	6時30分
3月1日ごろ	16時30分	9月1日ごろ	4時30分
4月1日ごろ	14時30分	10月1日ごろ	2時30分
5月1日ごろ	12時30分	11月1日ごろ	0時30分
6月1日ごろ	10時30分	12月1日ごろ	22時30分

1月1日ごろ	23時	7月1日ごろ	11時
2月1日ごろ	21時	8月1日ごろ	9時
3月1日ごろ	19時	9月1日ごろ	7時
4月1日ごろ	17時	10月1日ごろ	5時
5月1日ごろ	15時	11月1日ごろ	3時
6月1日ごろ	13時	12月1日ごろ	1時

1月1日ごろ	1時30分	7月1日ごろ	13時30分
2月1日ごろ	23時30分	8月1日ごろ	11時30分
3月1日ごろ	21時30分	9月1日ごろ	9時30分
4月1日ごろ	19時30分	10月1日ごろ	7時30分
5月1日ごろ	17時30分	11月1日ごろ	5時30分
6月1日ごろ	15時30分	12月1日ごろ	3時30分

1月1日ごろ	4時	7月1日ごろ	16時
2月1日ごろ	2時	8月1日ごろ	14時
3月1日ごろ	0時	9月1日ごろ	12時
4月1日ごろ	22時	10月1日ごろ	10時
5月1日ごろ	20時	11月1日ごろ	8時
6月1日ごろ	18時	12月1日ごろ	6時

東経137°，北緯35°

うさぎ座の歴史

　ギリシャ時代に, 狩人オリオンの足もとで, かわいいウサギが星座になった.
　ウサギは, おおいぬ座のシリウスに追われて必死に逃げる. おおいぬ座は狩人オリオンの猟犬であった.
　うさぎ座は, おそらくオリオンの獲物として生まれたのだろう.
　プトレマイオス48星座の一つ.
　うさぎ座は, けっこう古く, 長い歴史を誇っていい星座なのだが, まるでその気配がみられない. 新鮮で, つつましやかで, かわいいうさぎ座なのである.

はと座の歴史

　おおいぬ座の後足の先をすこしけずって, はと座ができた.
　フランスの天文学者ロワーエの星図 (1679年) では, オリーブの小枝をくわえたハトが, アルゴ船 (アルゴ座＝現在のりゅうこつ座, ほ座, とも座, らしんばん座) のかたわらにえがかれている.
　当時, このハトはノアの箱船から放たれた「ノアのハト」であったらしい. となりのアルゴ船をノアの箱船にみたてたのだろう.
　ノアのはと座 Columba Noae は, 古くから平和と希望の象徴であった

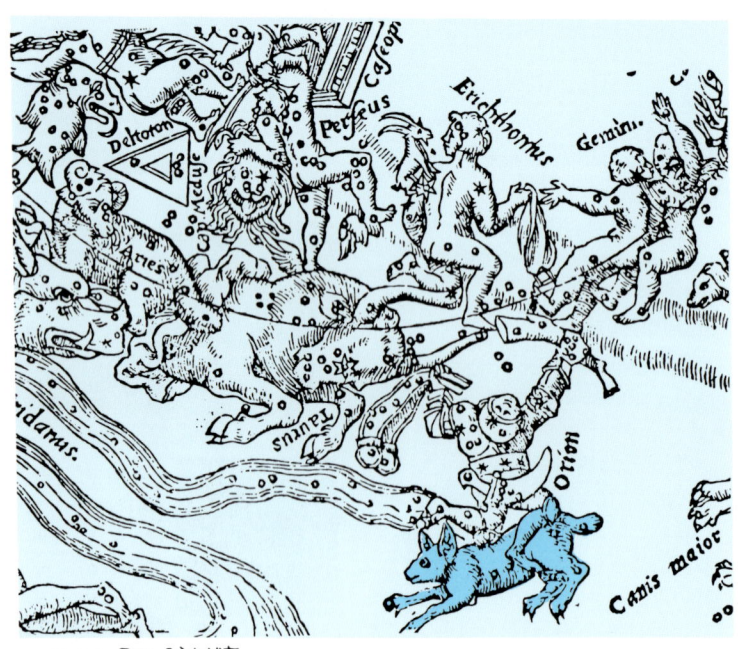

アピアン星図の「うさぎ座」

のだが，暴力のシンボルオリオンやおおいぬ座などにくらべると，いささか見おとりするのは残念．

ところで，はと座の原形はロワーエ Augustin Royer の星図以前にもいくつかみられるし，ロワーエの星図に前後して発行されたいくつかの星図にも登場する．したがって，はと座はロワーエのオリジナルではなく，ロワーエの時代に，やっと星座としての市民権を獲得したというべきだろう．

オリーブをくわえたハトの姿は，日本のタバコ"ピース"のデザインとして登場し，多くの日本人に愛されたのだが，近ごろ，タバコそのものが公害のひとつにかぞえられるようになって，平和の象徴も少々影がうすい．都会のはと座がスモッグ公害と光害で，その姿をなかなかみせなくなった今日このごろである．

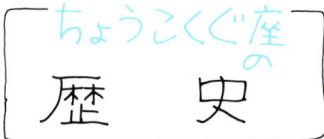

ちょうこくぐ座の歴史

主星をはじめ，すべて5等星以下というめだたない星座で，特に必要を感じない星座だが，フランスの天文学者ラカーユ Lacaille（1713—1762）が，新しく設定した南天14星座の一つである．

この無くもがなの星座を，なぜラカーユ（ラカイユ）はわざわざつくったのだろうか？

秋のくじら座の下に，ちょうこくしつ座をつくったので，ついでに彫刻用のタガネ（のみ）も星座にしてしまったのだろう．

"彫刻のみ座 Caela Sculptoris" は現在それを略して"彫刻具 Caelum" としている．はと座の下に"がか（画架）座"がつくられた．

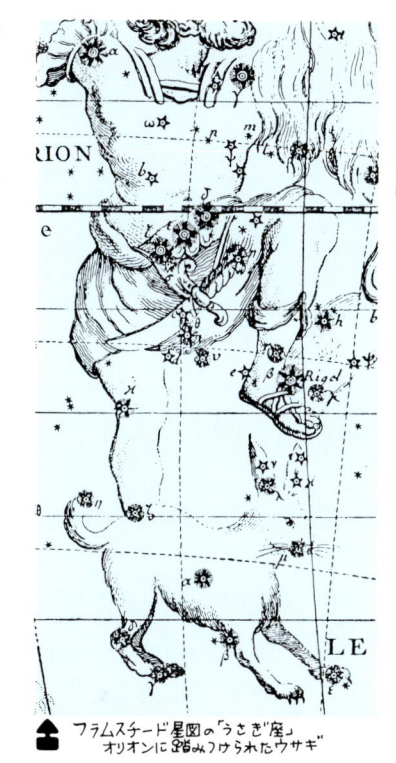

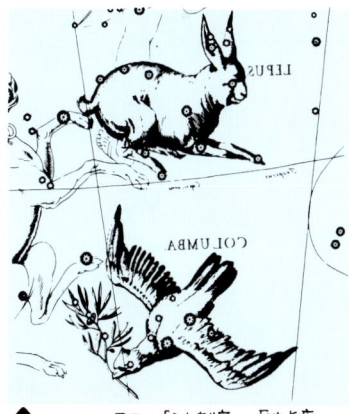

▲ フラムスチード星図の「うさぎ座」オリオンに踏みつけられたウサギ

▲ ヘベリウス星図の「うさぎ座」と「はと座」

うさぎ座の星と名前

* α アルファ

アルネブ (ウサギ)

アルネブ Arneb から β―γ―δ と結んでできる四辺形がウサギのからだをあらわす.
< 2.7等　F0型 >

* β ベータ

ニハル
(のどがかわいたラクダ)

アラビアでこのあたりの星をラクダにみたてたのだろう.
< 3.0等　G2型 >

* γ ガンマ

< 3.8等　F6型 >

* δ デルタ

ウサギのおしり.
< 3.9等　G7型 >

* ε エプシロン

ぴょんとでた前足.
< 3.3等　K5型 >

ハル星図のうさぎ座

はと座の星と名前

* α アルファ

ファクト (?)

はと座のへの字 β―α―ε のまん中にある.
< 2.8等　B8型 >

* β ベータ

ウェズン (重さ)

3等星のこの星から, 重さはまるで感じられないが.
< 3.2等　K1型 >

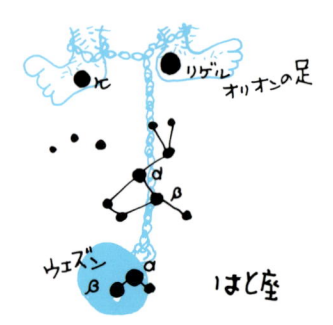

はと座

話題 どこへ行く？わが太陽系一族

　車が高速道路をつっぱしるとき，前方の景色は，車の進行方向を中心に四方八方に広がるようにみえ，後方の景色は逆に一点にあつまっていくようにみえる．

　同じ現象が夜空の星々の運動の中にみられる．恒星は年々わずかずつだがみかけの位置をかえている（固有運動）．その運動の中に前記のような動きが含まれているのだ．つまり，太陽は一族郎党をひきつれて，ヘルクレス座の$\xi \to \nu \to 99$番星のすぐ南（太陽向点 赤経18 h，赤緯+30°）付近にむかって秒速20kmでつっぱしっているわけ．

　もっともこの動きは，まわりの星々に対する相対的な運動であって，太陽はまわりの恒星達と共に，銀河系の回転運動にそって，円軌道を秒速250kmという超高速ではしっている．

　さて，ヘルクレス座に向かって走る太陽系一族は，うしろをふりかえると，はと座をあとにしていることがわかる．太陽背点はうさぎ座のγ星（ガンマ）のすぐちかく（赤経6 h，赤緯-30°）にある．

　平和のハトを後にして，暴力のヘルクレスにむかう太陽系一族の未来はいかに？　などと心配をすることではないのだが…．

うさぎ座をあとに
ヘルクレス座にむかって
つっぱしる太陽系一族

うさぎ座の伝説

昔,オリオンという乱暴な狩人がいた.快足と怪力のもち主オリオンは,自分の力をほこって「森の中に自分にかなうケモノはいない」と高言した.

事実,森の中のどのけものも,オリオンにかなうものはいなかった.いや,それどころか,天の神々ですら一目おくほどであった.オリオンはそれをいいことにして,森の中のけものを毎日追いまわすのが日課となった.このままでは,森の中のけものは一匹残らずオリオンの犠牲にされてしまうのではないか?と天の神々はおそれた.

神々はチエをしぼったすえ,この世にこれ以上かわいい動物はいないだろうというケモノをつくった.その苦心の傑作がウサギだった.つまり,このウサギをみせて,オリオンの闘争本能を軟化させようという作戦なのだ.

ウサギはオリオンの足もとへ放たれた.

ところが神々の期待は,みごとにうらぎられた.なんとオリオンは,足もとのウサギを情け容しゃなく,大きな足で踏みつぶしていたのだ.

苦心の作品を踏みつぶされて怒った神々は,こんどは恐ろしいサソリという毒虫をつくって,オリオンを刺しころさせた.

*

オリオン座の下(南)を,その気になってさがすと,西にむかってピョンと跳ねたかわいい野ウサギが,彼の大きな足(リゲル)の下で小さくなっている.

ところで,この話,いつどこで聞いたのか,なにかにだれかが書いたのを読んだのか,あるいはいつのまにか自分で勝手にでっちあげてしまったものなのか,そのへんがはっきりしないのだが….

はと座の伝説

はと座は,もともとノアのはと座であったのだから,このハトに神話・伝説のたぐいを結びつけるとするなら,旧約聖書の創世記にあるノアの大洪水と箱船の話以外に考えられない.

*

神が最初にアダムとイブをつくって以来,人間は代をかさねるごとにわるくなった.せっかくつくった世界が悪でよごれていくのを見て,神はこの世をもう一度つくりなおそうと考えた.

そこで,まず地上の人間のすべてを滅ぼすことにしたのだが,人間の中に,ただ一人ノアだけは,神の意志を尊重する正義の人だった.

神はノアに「自分の子と妻, そして, 子の妻, 夫, そしてその子たちと共に箱船にのるがいい. 鳥も, けものも, すべての生きものは, おすめす一対ずつのせるとよい. もちろん十分な食料をのせることも忘れてはならない」と命じた.

　ノアはその日からさっそく箱船づくりにとりかかった.

　人々はノアがつくりはじめた巨大な箱船の意味が理解できず, ノアは頭がおかしくなったと口々にあざけりののしった.

　ノアができあがった箱船に動物たちのすべてをのせ終るやいなや, まるで天の窓が開かれたかのように雨が降りだした. 雨は40日昼も夜も降り続いた. やがて地上は水でおおわれて, ついに高い山までも水中に没した.

　箱船にのったもの以外のすべての人も動物も, この洪水にのみこまれて死んでしまった.

　洪水は1年と11日間地上を水びたしにすると, やがて水がひきはじめた.

　ノアの箱船は, 顔をだしたアララテ山の頂上に無事のっかった. ノアは地上のようすが知りたくて, カラスを放った.

　しかし, カラスはそのまま帰ってこなかった.

　次に, ノアはハトを放った. ハトはすぐ帰ってきたが, いい知らせはもってこなかった. 7日たってふたたびハトを放った. しばらくして, ハトはオリーブの葉をくわえてかえってきた.

　ノアはふたたび大地がよみがえったことを知った. さらに7日たってもう一度放たれたハトはもう帰ってこなかった. ノアは箱船から動物たちをすべて放って, 自分も地上におりた.

　神はノアに新しい世界をつくることを命じた.

うさぎ座の見どころガイド

✻ 深紅の星をみる（クリムズン・スター）

ウサギの頭にあたるμ星（3.3等）のすぐ西に"Crimson Star クリムズン・スター"と呼ばれる、まるでウサギの目のように赤いN型の6等星がある。

この星は1845年にイギリスのハインド J. R. Hind が初めて観測し、この星が変光星であることは、1852年〜1855年の観測からドイツのシュミットがあきらかにした。

"クリムズン・スター"の命名者はハインドである。ハインドは"一滴の血のような赤"と少々オーバーともおもえる表現をつぎたしたが、あなたの目にはどううつるだろうか？ むろん肉眼ではむりなので、双眼鏡の助けをかりる必要がある。口径はなるべく大きいほうがいい。

うさぎ座Rの赤は、「赤ブドウ酒色のR星にくらべると、ベテルギウス

まっかなクリムズン・スターはかわいいウサギの目

冬のうさぎ座（撮影・永田宣男）

やアンタレスの赤は淡い朱色にしかならない」「ルビーのような赤」「燃える石炭」「照明された血のしずく」など，みる人によって表現はさまざまである．

この星，周期432日で6等星から11等星に変化する長周期の脈動変光星（赤色巨星）だ．したがって，極大光度のころをねらってさがしてほしい．

極大光度はかなり不規則で，かならず6等星になるわけではなく，7等星や8等星，ときには9等星どまりということもある．

ぜひクリムゾン・スターをこの目で，という人は毎年発行される天文関係の年表や年鑑で，極大時期，最近の傾向をしらべ，それなりの見当をつけてから，ねらってはどうだろう．

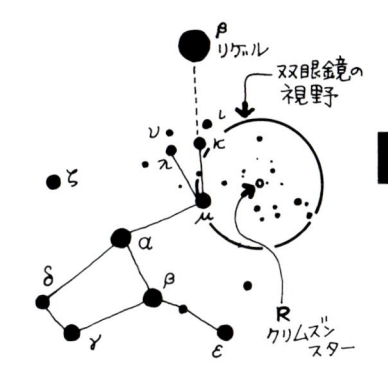

<変光星R・5.9等〜10.5等
N6型・周期432日>

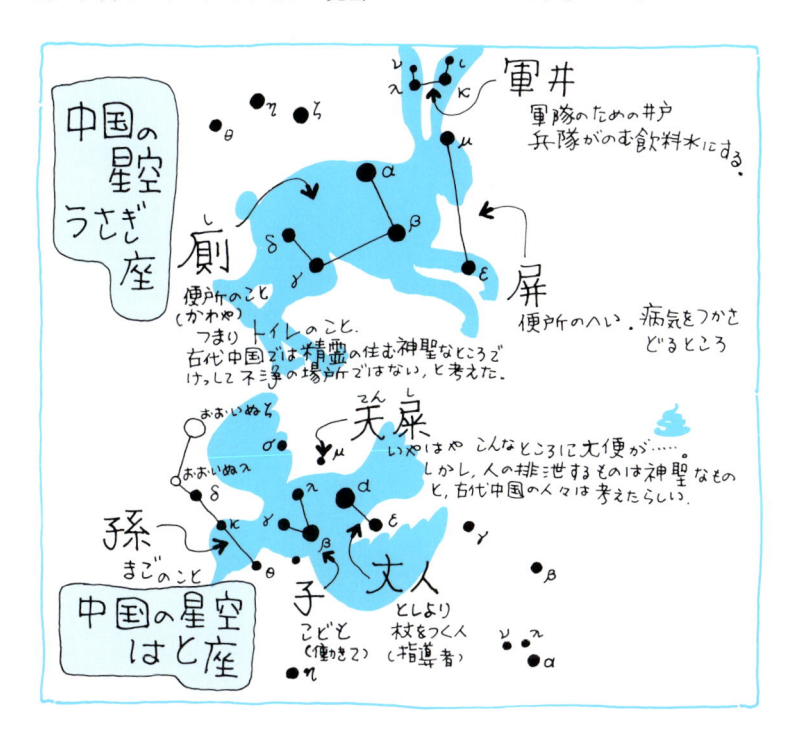

中国の星空 うさぎ座

軍井
軍隊のための井戸
兵隊がのむ飲料水になる．

厠（しかわや）
便所のこと．
つまりトイレのこと．
古代中国では精霊の住む神聖なところで
けっして不浄の場所ではない，と考えた．

屏
便所のへい．病気をつかさどるところ

天屎
いやはやこんなところに大便が……
しかし，人の排泄するものは神聖なものと，古代中国の人々は考えたらしい．

中国の星空 はと座

孫
まごのこと

子
こども
（僅かき？）

丈人
としより
杖をつくる人
（指導者）

5 きりん座 (日本名)

CAMELOPARDALIS
カメロパルダリス (学名)

きりん座のみりょく

　北の空の星座たちは，南の星座たちとちがって季節感に乏しく，四季の星座という分類から仲間はずれにされるケースが多い．天の北極のまわりをまわって，地平線の下に沈むことがないからだ．

　早春のある朝，自宅の庭のウグイスの声に感激したり，長雨のあと突然，公園の木々に新緑の5月を感じたりするような，新鮮で刺激的な出会いは，地平線の下に沈まない北の星座には期待できない．そのかわり，いつでも見られる気やすさが，家族をみるような親しみを感じさせてくれるのだ．

　おおぐま，こぐま，カシオペヤ，ケフェウス，りゅう，やまねこ，そして，きりん，といった"北の家族"たちが，かわいい子グマをまん中に入れて，北の夜空をまわっている．

　この家族，気弱なケフェウスパパと，しっかりもののカシオペヤママのほかは，なぜか動物ばかりという奇妙なとりあわせである．

　どこの家にも，家風にあわないハミダシ鬼っ子が一人ぐらいはいるものだ．

　きりん座は，どうやら北の家族では，その鬼っ子らしい．

　年中北の空に姿をみせているのに"きりん座"の存在に気づかない人がほとんどである．はみだしものに冷たいのは世の常なのだ．

　「きりん座なんていう星座あったっけ？」とか，「きりん座というと南天の星座でしょう？」と，無視されるか，はるかかなた南の地平線の下へかたづけられるかだ．

　まさかキリンが，寒い冬の空高くのぼるなんて，世間の常識ではゆるされないことなのに，きりん座はもっとも寒い2月上旬に，さかさになって北極星の上にのぼる．

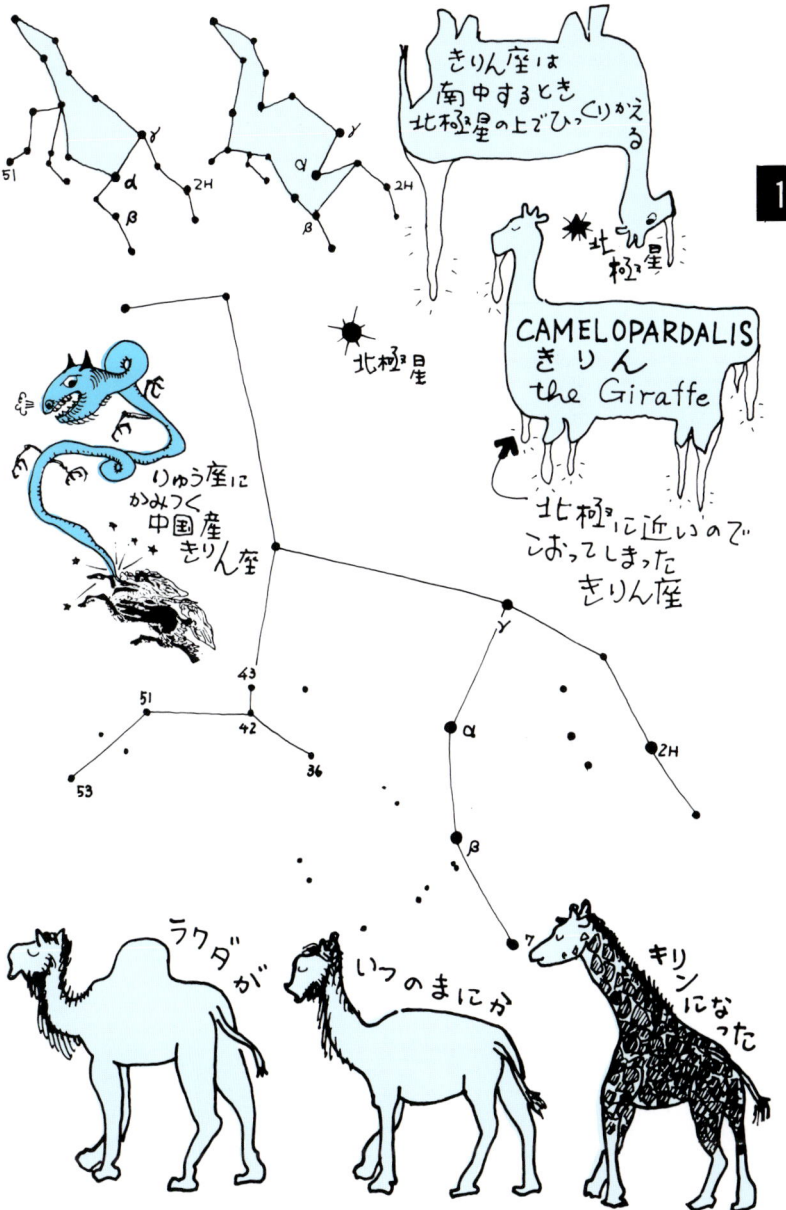

123

きりん座は
南中するとき
北極星の上でひっくりかえる

北極星

CAMELOPARDALIS
きりん
the Giraffe

北極に近いので
こおってしまった
きりん座

りゅう座に
かみつく
中国産
きりん座

ラクダが　いつのまにか　キリンになった

きりん座の星々

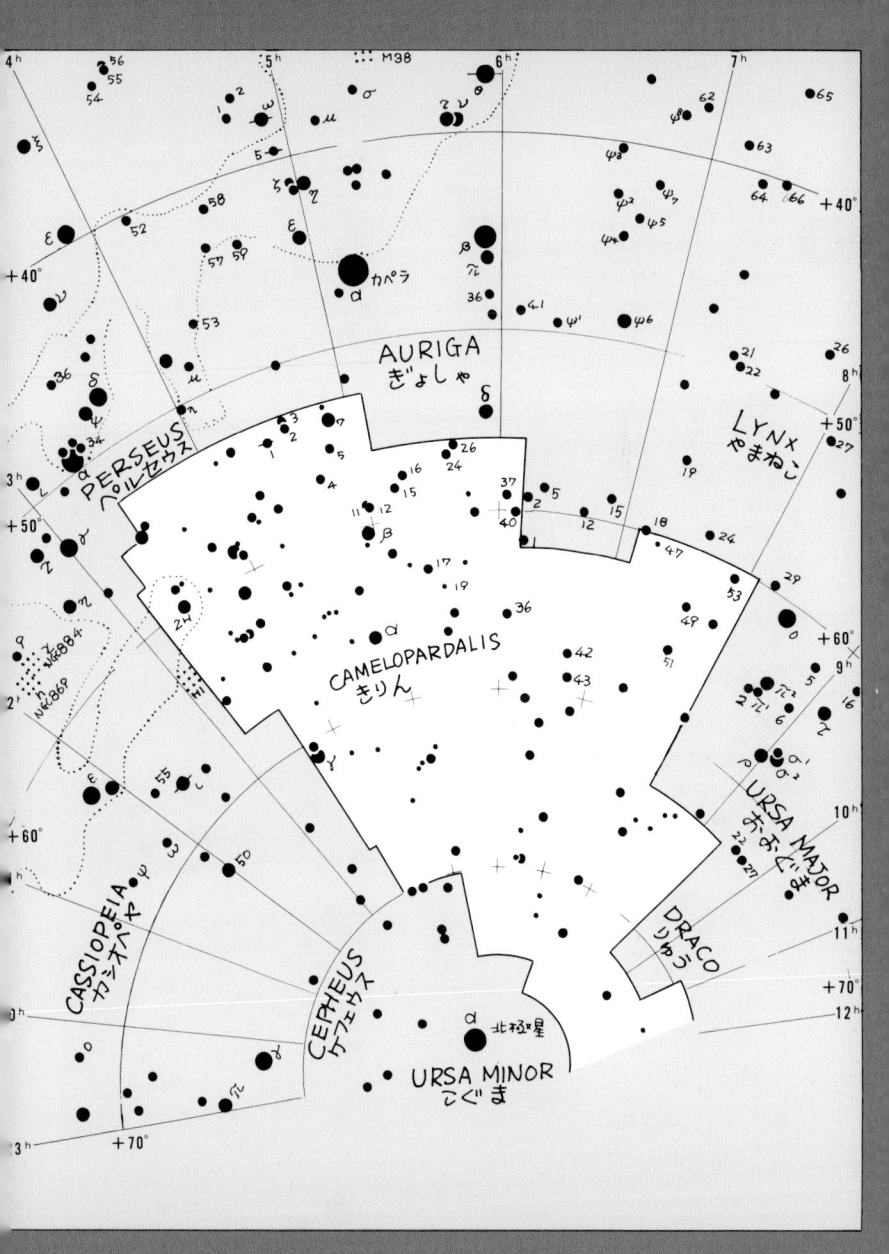

きりん座の星図

きりん座の みつけかた

主星αが光度4.4等, β星が4.2等というのだから, 目だちようもないのだ. さがせといわれてもおいそれと見つかるものではない.

冬の動物園はさみしい. 南の動物たちが皆室内に閉じこもって戸外に姿をみせなくなるからだ. キリンもどうやらその一員らしく, 姿をみせてくれない.

ぎょしゃ座が南中する頃, ぎょしゃ座の北側（ぎょしゃ座と北極星にはさまれたあたり）のかなり広い空白部分に, 首の長いやさしいキリンの姿をかってに想像するよりしかたがない.

なんともはっきりしないきりん座も, 星図の上では, 首のながいキリンの姿をえがけないこともない. このキリン, ぎょしゃ座にのっかって長い首はりゅう座のしっぽにむかっている.

7〜8月ごろのよい空では, 北の地平線上に立ったキリンが, 天にのぼろうとするリュウのシッポをくわえて離さない, といった風になる.

ところがこのキリン, 吹けばとぶほど, か弱く貧弱なのだ. 案の定, 秋にはリュウのしっぽにぶらさがったまま, 北の空高くひきずりあげられてしまう.

きりん座の日周運動

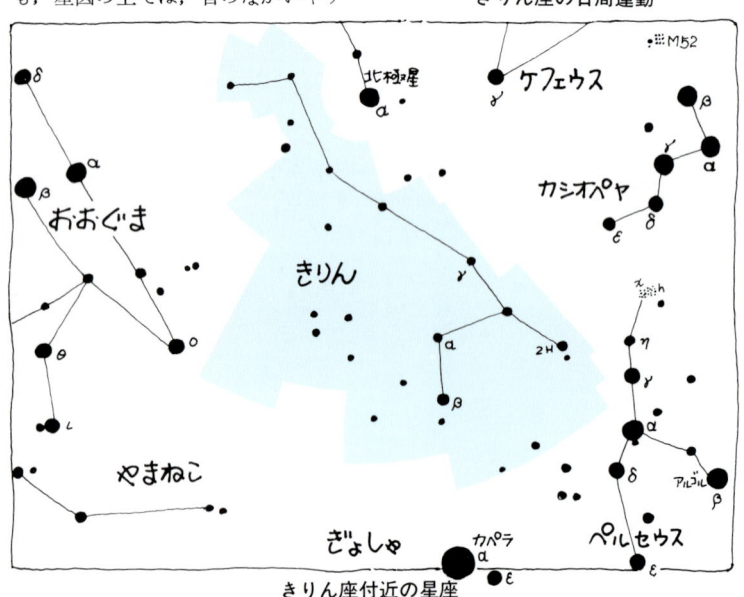

きりん座付近の星座

きりん座を見るには（表対照）

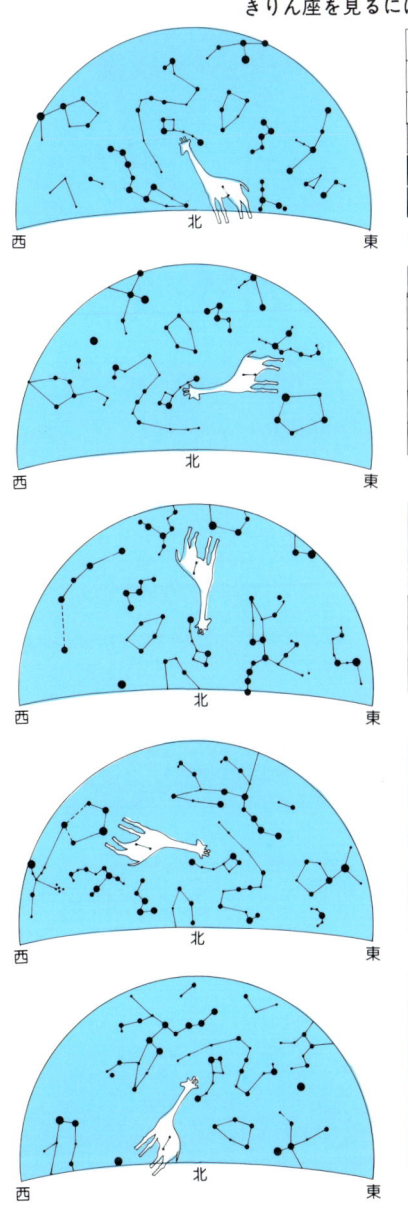

1月1日ごろ	12時	7月1日ごろ	0時
2月1日ごろ	10時	8月1日ごろ	22時
3月1日ごろ	8時	9月1日ごろ	20時
4月1日ごろ	6時	10月1日ごろ	18時
5月1日ごろ	4時	11月1日ごろ	16時
6月1日ごろ	2時	12月1日ごろ	14時

■は夜，■は薄明，□は昼．

1月1日ごろ	17時	7月1日ごろ	5時
2月1日ごろ	15時	8月1日ごろ	3時
3月1日ごろ	13時	9月1日ごろ	1時
4月1日ごろ	11時	10月1日ごろ	23時
5月1日ごろ	9時	11月1日ごろ	21時
6月1日ごろ	7時	12月1日ごろ	19時

1月1日ごろ	22時	7月1日ごろ	10時
2月1日ごろ	20時	8月1日ごろ	8時
3月1日ごろ	18時	9月1日ごろ	6時
4月1日ごろ	16時	10月1日ごろ	4時
5月1日ごろ	14時	11月1日ごろ	2時
6月1日ごろ	12時	12月1日ごろ	0時

1月1日ごろ	3時	7月1日ごろ	15時
2月1日ごろ	1時	8月1日ごろ	13時
3月1日ごろ	23時	9月1日ごろ	11時
4月1日ごろ	21時	10月1日ごろ	9時
5月1日ごろ	19時	11月1日ごろ	7時
6月1日ごろ	17時	12月1日ごろ	5時

1月1日ごろ	8時	7月1日ごろ	20時
2月1日ごろ	6時	8月1日ごろ	18時
3月1日ごろ	4時	9月1日ごろ	16時
4月1日ごろ	2時	10月1日ごろ	14時
5月1日ごろ	0時	11月1日ごろ	12時
6月1日ごろ	22時	12月1日ごろ	10時

東経137°，北緯35°

きりん座の歴史

きりん座が目立たないのは無理もない．1624年にドイツのバルチウス Bartschius は，このあたりの空間をうめるために"きりん座"を新設したのだから…．

なぜ北の空にキリンをもってきたのかは，決定的な理由がみあたらない．一説には，もともとバルチウスは旧約聖書の中にでてくるラクダをえがいたのだという．

きりん座の学名(ラテン名)がカメロパルダリス Camelopardalis なのにたいして，らくだ座のラテン名はカメルス Camelus となって，よく似ているので，ドサクサにまぎれて変身してしまったのだろう．

原恵著「星座の神話」によれば，

ヘベリウス星図の「きりん座」

19世紀になってイギリスの天文学者プロクターが，ラクダにもどそうと主張したが，無視されてしまったとか．

いずれにしても，この北の空の空白に，キリンやラクダをえがくにはかなりの想像力を必要とする．

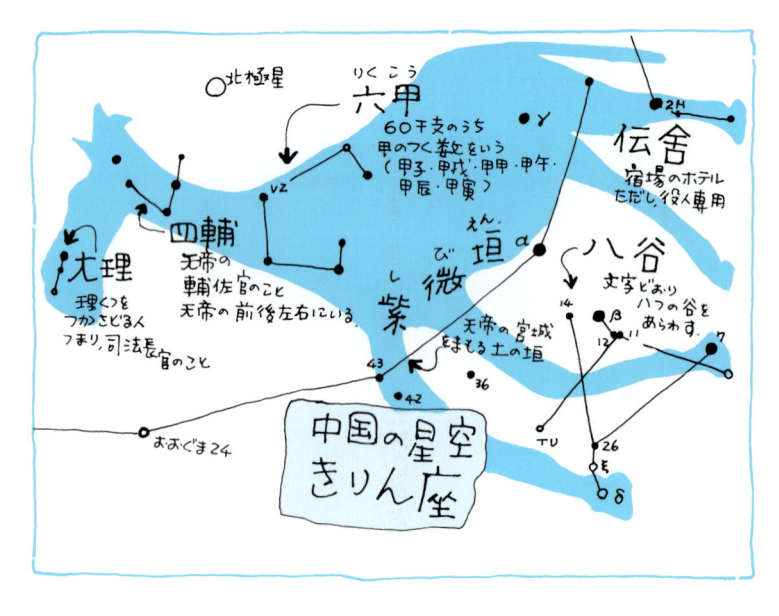

中国の星空 きりん座

- 北極星
- 六甲 (りくこう) — 60干支のうち甲のつく者名という（甲子・甲戌・甲申・甲午・甲辰・甲寅）
- 伝舎 — 宿場のホテル ただし役人専用
- 四輔 — 天帝の輔佐官のこと 天帝の前後左右にいる
- 尤理 — 理くつをつかさどる人 つまり，司法長官のこと
- 紫微垣 (しびえん) — 天帝の宮城をまもる土の垣
- 八谷 — 文字どおり 八つの谷をあらわす．
- おおぐま24

きりん座の伝説

● 星のキリンはビールの泡となった

新しい星座なので，当然伝説などあろうはずがない．

私個人の好みとしては，ここにキリンビールの商標に使われた，中国産の麒麟（きりん）を想像して，麒麟が星になったコジツケ伝説でもつくって楽しみたいのだが，その方面にすぐれた能力をおもちの方があれば，ぜひ，"星になった麒麟"の創作こじつけ伝説？を，一本ものにしていただきたいものだ．

*

寒さのきびしい北の冬空には，やさしいキリンやラクダがふさわしくないこと，麒麟は古代中国でうまれた想像上の霊獣だから空を駆けることができることなど，私がキリンより麒麟がふさわしいと思うゆえんである．

麒麟は鳳凰と同じで，いつも雌雄一対でいるおめでたい動物とされている．

麒は雄，麟は雌のことで，メスの麟にはひたいに角が一本ある．この麒麟は生き物を食べないし，生きているものは虫はおろか，雑草といえども踏むことすらしない霊獣である．麒麟の出現は，この世にすぐれた聖人か，王者があらわれる吉兆であるとされた．だから，とくにすぐれた人物を麒麟児（きりんじ）という．

麒麟を絵にかくと，体はシカ，しっぽはウシ，ひづめとたてがみはウマ，メスの一本角はシカに似ている．全体のイメージがウマにもみえるので，一日に千里は走るという名馬を騏驎（きりん）とかいて，「騏驎も老いては駑馬（どば）に劣る」ともいう．

もっとも，星空のキリンも「麒麟座もあれほど星列にまとまりがなくては○○座？にも劣る」といわれそうな星座なのだ．星の麒麟は　ビールの泡のように消えてしまったらしい．

6 ぎょしゃ座（日本名）

AURIGA（学名）
アウリガ

ぎょしゃ座のみりょく

ぎょしゃ座は主星カペラを一角にした，すこしひしゃげた五角形がシンボルマーク．

自動車時代のこのごろ，駁者座という名は，いかにも古めかしい．

現代流の表現をするなら，さしずめ運転手座 Driver と呼びたいところだが，道のまん中にねそべったオウシ（おうし座）に，クラクションを鳴らすわけでもなく，ゆうゆうと待つ図を想像すると，かなり現代ばなれしたドライバーのようである．やはり，駁者と呼ぶほうがふさわしい運転手座である．

すくなくとも過去何百万年かは無事故，無違反の優良ドライバーなのだが，表彰されたという話は，もちろん聞かない．

10月のよいに，ぎょしゃ座の主星カペラが，かなり北（ま東から約60°北）よりの地平線から顔をだす．

同じころ，おうし座の"スバル星"がカペラの南約30°ほどはなれて登場するので，はからずも横に並んだカペラとスバルが，「よーいどん！」とスタートをきる．

この競走，軽快な出足と強力な登はん力をもつスバルに軍配があがる．スバルは翌年5月上旬のよいには，西の地平線にゴールインするのだが，カペラは2か月遅れて，6月下旬のよいにやっとゴールにたどりつく．

鈍足カペラは，10月のよいから，6月のよいまで，9か月間もその美しい輝きを楽しませてくれる．

吹けばとぶような将棋の駒

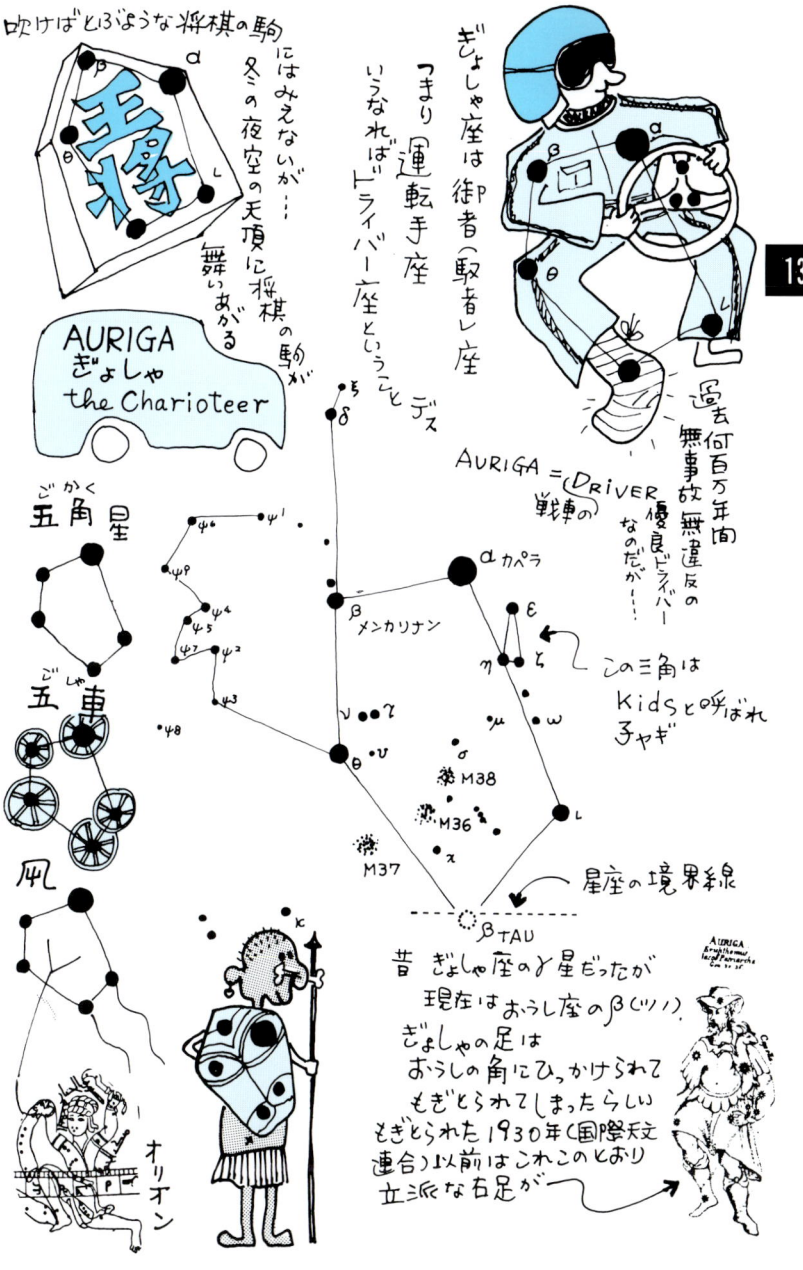

にはみえないが…
冬の夜空の天頂に将棋の駒が
舞いあがる

ぎょしゃ座は御者(馭者)座
つまり 運転手座
いうなれば ドライバー座ということデス

AURIGA
ぎょしゃ
the Charioteer

AURIGA = (DRIVER
  戦車の)

過去何百万年間
無事故 無違反の
優良ドライバー
なのだが…！

五角星

五車

凧

α カペラ
β メンカリナン
ε
この三角は
Kids と呼ばれ
チャギ

M38
M36
M37

星座の境界線
β TAU

昔 ぎょしゃ座のγ星だったが
現在はおうし座のβ(ツノ).
ぎょしゃの足は
おうしの角にひっかけられて
もぎとられてしまったらしい
もぎとられた1930年(国際天文
連合)以前はこれこのとおり
立派な右足が…

オリオン

AURIGA
```
Erschienen
in of Panarcha
```

ぎょしゃ座の星々

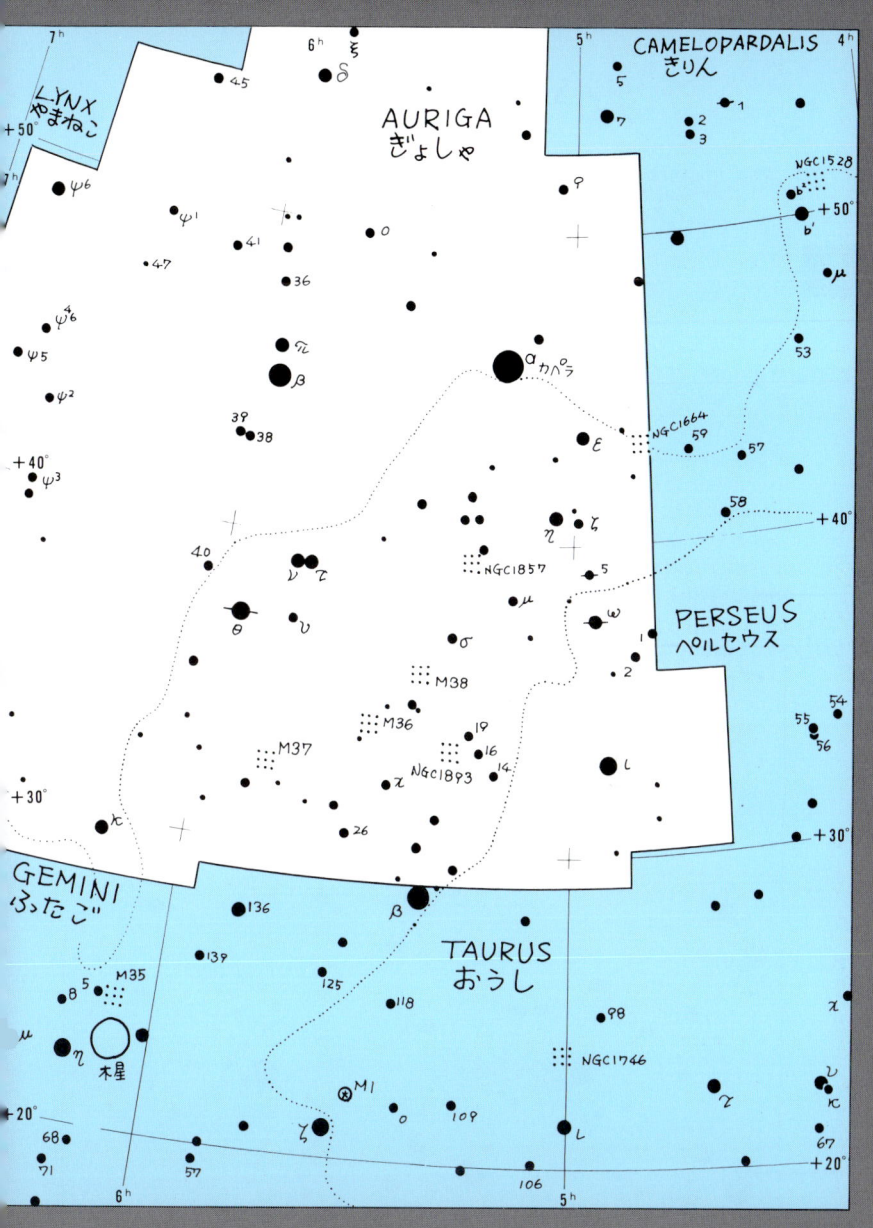

ぎょしゃ座の星図

ぎょしゃ座の みつけかた

ぎょしゃ座は，輝星カペラを含んだ，すこしひしゃげた五角形がみつかればいい．一度みたら忘れることのない五角形である．

10月のよいなら，横になった五角形が，カペラを先頭に北東の地平線上にのぼる．ひときわ明るく輝くカペラは誰の目もひきつけるにちがいない．地平線ちかくのカペラははげしくまたたき，時折，赤，青，紫と変色するのが美しい．空気が分光器の役わりをするからだが，"にじ星"という呼名もある．

ぎょしゃ座は，すこし遅れてま東からのぼるオリオン座と，ほとんど同時に南中する．ぎょしゃ座の五角形は，南中したオリオンの頭上をさがすといい．ぎょしゃはオリオンを踏み台に，ほとんど天頂にのぼるのだ．

おうし座の顔をつくるヒヤデス星団のV字形がみつかったら，その先の角の星のひとつが，ぎょしゃ座の五角形の一角にあたる．ウシの左の角（むかって右の角）をあらわすβ星は，ぎょしゃ座の五角形になくてはならない．もしこの五角形からおうし座のβ星をとりあげると，残った四角形はなんともしまらない．

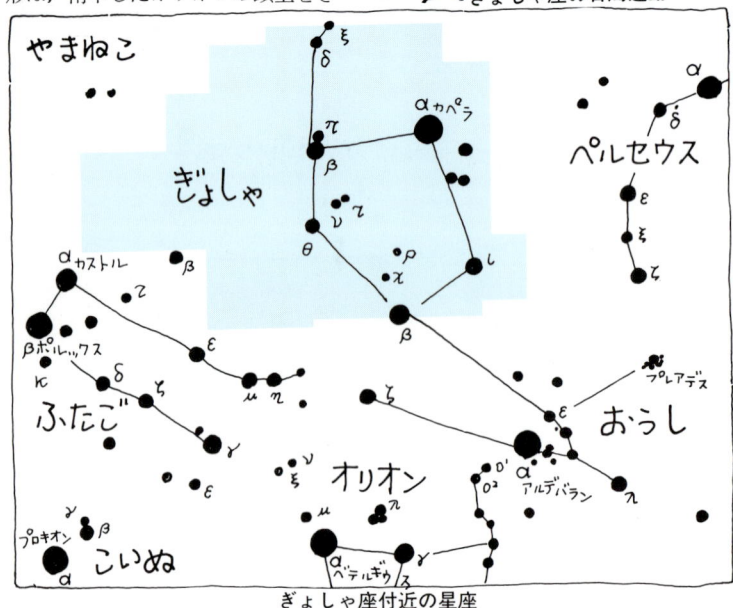

ぎょしゃ座の日周運動

ぎょしゃ座付近の星座

ぎょしゃ座を見るには（表対照）

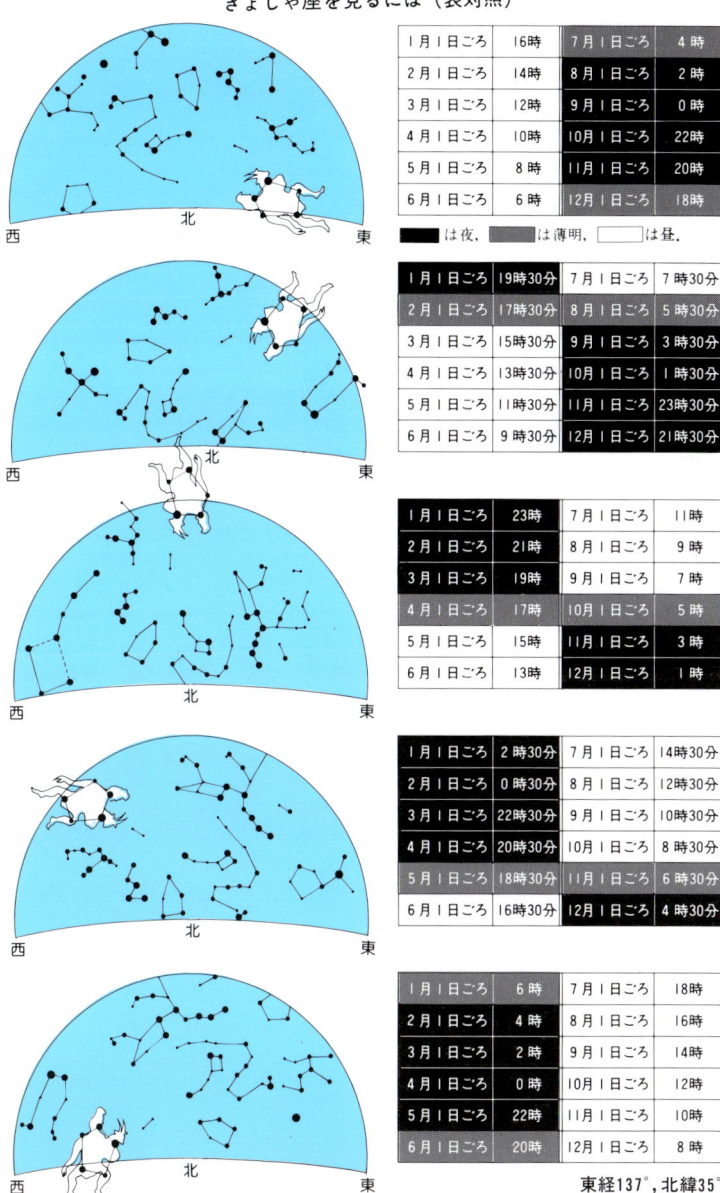

1月1日ごろ	16時	7月1日ごろ	4時
2月1日ごろ	14時	8月1日ごろ	2時
3月1日ごろ	12時	9月1日ごろ	0時
4月1日ごろ	10時	10月1日ごろ	22時
5月1日ごろ	8時	11月1日ごろ	20時
6月1日ごろ	6時	12月1日ごろ	18時

■は夜，▨は薄明，□は昼．

1月1日ごろ	19時30分	7月1日ごろ	7時30分
2月1日ごろ	17時30分	8月1日ごろ	5時30分
3月1日ごろ	15時30分	9月1日ごろ	3時30分
4月1日ごろ	13時30分	10月1日ごろ	1時30分
5月1日ごろ	11時30分	11月1日ごろ	23時30分
6月1日ごろ	9時30分	12月1日ごろ	21時30分

1月1日ごろ	23時	7月1日ごろ	11時
2月1日ごろ	21時	8月1日ごろ	9時
3月1日ごろ	19時	9月1日ごろ	7時
4月1日ごろ	17時	10月1日ごろ	5時
5月1日ごろ	15時	11月1日ごろ	3時
6月1日ごろ	13時	12月1日ごろ	1時

1月1日ごろ	2時30分	7月1日ごろ	14時30分
2月1日ごろ	0時30分	8月1日ごろ	12時30分
3月1日ごろ	22時30分	9月1日ごろ	10時30分
4月1日ごろ	20時30分	10月1日ごろ	8時30分
5月1日ごろ	18時30分	11月1日ごろ	6時30分
6月1日ごろ	16時30分	12月1日ごろ	4時30分

1月1日ごろ	6時	7月1日ごろ	18時
2月1日ごろ	4時	8月1日ごろ	16時
3月1日ごろ	2時	9月1日ごろ	14時
4月1日ごろ	0時	10月1日ごろ	12時
5月1日ごろ	22時	11月1日ごろ	10時
6月1日ごろ	20時	12月1日ごろ	8時

東経137°，北緯35°

ぎょしゃ座の歴史

ぎょしゃ座は黄道星座ではないが光度0.1等の輝星カペラと、まとまりのいい五角形の星列が人目をひきやすく、古くから認められた古典星座である．

古代バビロニア時代（B.C.3000）に，子羊をだいた老人や，車にのる駁者の姿がえがかれていたようだ．

この駁者の車をひいたのは，すぐ南のおうし座ではなかったのだろうか．主星カペラを駁者にみたて，β星を車，ε星・ζ星・η星の三星を車をひくシカにみたてたという説もある．

主星カペラは，駁者か老人が抱きかかえるヒツジ，あるいはヤギ，コジカといったところだった，と考えるのが一般的である．

ヒツジを抱く老人は，羊飼いであったのかもしれない．

ギリシャ時代のカペラは，大神ゼウスに乳を飲ませたメスヤギということになっている．すぐちかくの小さな三角が子ヤギ（ε，η，ζ）である．

同じ星をつかって，エジプトでは羽根のかんむりをかぶった男が，ネコのミイラをかかえて腰かけているのもおもしろい．

ところで，このぎょしゃ座にはγ星がない．かつて五角形の一角は，ぎょしゃ座のγ星と，おうし座のβ星を兼ねていたのだが，1930年以来星座の境界線をはっきりさせたため，この星はおうし座のβ星となった．

駁者はこの事故？で右足（むかって左）をうしなってしまった．したがって，ぎょしゃ座の五角星は，正しくはぎょしゃ座の四角星というべきかもしれない．

「ぎょしゃ座」 デューラー星図（左上），バルチウス星図（左下），ラファイル星図（右上），シッカルド星図（右下）

中国では，この五角形を「五車」と呼んだ．やはり車を想像しているところは，偶然にしては少々できすぎと感じられるが，ギョシャとゴシャの語呂あわせはおもしろい偶然である．

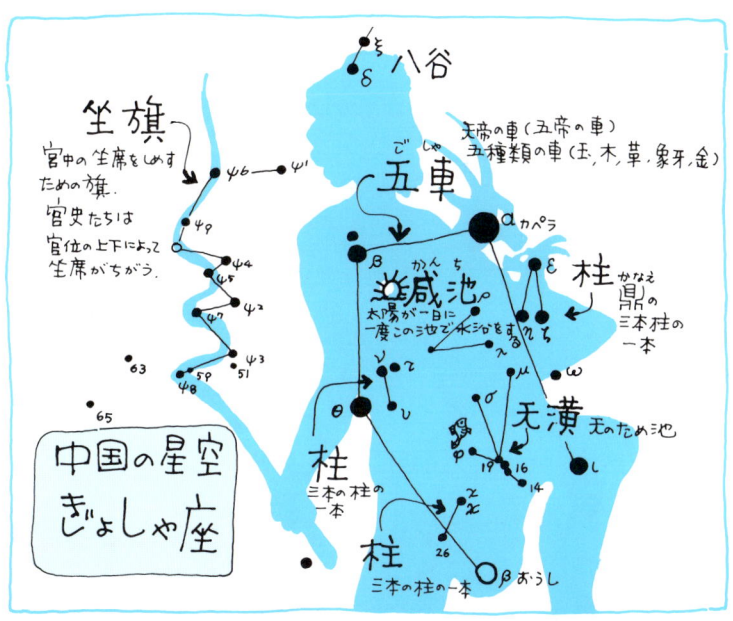

ヘベリウス星図の「ぎょしゃ座」（左）

ブラウ星図の「ぎょしゃ座」（右）

中国の星空
ぎょしゃ座

八谷

坐旗
官中の坐席をしめすための旗．
官吏たちは官位の上下によって坐席がちがう．

五車
五帝の車（五帝の車）
五種類の車（玉,木,革,象牙,金）

αカペラ

咸池
太陽が一日に一度この池で水浴をする

柱　かなえ
鼎の三本柱の一本

天潢　天のため池

柱
三本の柱の一本

柱
三本の柱の一本

βおうし

ぎょしゃ座の星と名前

*α アルファ

カペラ（メスヤギ）

　0等星のカペラ Capella のクリーム色の輝きはみごとである．

　カペラは"小さなメスヤギ"のことで，動物好きの王が，ヤギの親子をだいて星になった，といったところだ．ぎょしゃが抱きかかえるメスヤギ（カペラ）のすぐ近くに，ε―η―ζの三星がつくる小さな三角がある．この三角を"子やぎ"と呼ぶので，カペラは"母ヤギ"ということになる．

　カペラがクリーム色なのは，私たちの太陽と同じG型星だからだ．つまり，太陽をうんと遠くから眺めたら，カペラと同じ色で輝くというわけ．

　もっとも，同じなのはみかけだけで，実体はかなりちがう．カペラは太陽とちがって，周期約105日でまわる連星で，主星は太陽の直径の約14倍，伴星は9倍くらいある．この2星，なんと地球と太陽間ぐらいの距離で手をつなぐ近接連星だから，どんな大望遠鏡でも二つに分離してみることは不可能で，分光器で光を分析してはじめて知ることができた分光連星である．

　もし，太陽をカペラと同じ50光年の距離に並べて眺めたら，とてもカペラのような元気な輝きをみることはできない．おそらく普通の視力では肉限で認めることすらむずかしいだろう．

　カペラには"にじぼし（虹星）"というすばらしい呼名がある．

　冬の初めの宵に，北東の地平線からのぼるカペラは，木枯しの中で突然変身する．緑一色に輝いたかとおもうと，次の瞬間にはまっ赤に，ピンクに，紫に，というようにあざやかな変色ぶりはまさに"にじぼし"なのだ．

　これは，地平線ちかくのはげしい

カペラは虹星（にじ）

ボルシマン星図のぎょしゃ座

気流のせいで，密度をかえた空気の層が分光器として働くからだ．したがって，地平線のちかくでは，どの星にもおこる現象で，特にカペラにだけみられるわけではない．

カペラにその名があるのは，カペラが，気流の動きの激しい季節にのぼる輝星であること，天の北極に比較的近いので，日周運動によるみかけの動きが遅く，地平線近くにみられる期間がながいこと，そして，なによりもこの星がひときわ明るく輝くからだろう．2等星以下の暗い星は，人間の目に色を感じさせないからだ．

古代バビロニアで，カペラを神々の帝王マルドゥクにみたて，マルドゥクと新しく西の空にあらわれた細い月が並ぶ日を，新年のはじめの日としたという．

< 0.1等　G5型＋F8型 >

✳β ベータ
メンカリナン（肩）

メンカリナン Menkalinan は，その名のとおり，ぎょしゃの肩に輝く2等星．
< 変光星 1.9等～2.0等・A2型 >

✳δ デルタ

すこし暗いが，この星にぎょしゃの頭をえがくといい．

インドでは，なぜかこの暗い星を"偉大な人間の王"と呼んだというが，その理由はよくわからない．
< 　3.9等　　G6型　 >

スキー場のぎょしゃ座

✱ ε エプシロン
アル・マアズ (オスヤギ)

アラビアでアル・マアズ Al Maaz と呼ばれたことがあったという．カペラのメスヤギに対して，オスヤギというのだ．

ε―ζ―η の三星がつくる小三角形を子やぎにみたて，キッズ Kids ともいう．

さて，この ε 星，ただのオスヤギや子ヤギではなかった．

なんと9898日，約27年というとほうもなく長い周期で，3.3等～4.6等に変光する食変光星だった．暗いときが約2年も続くという悠長な変光ぶりである．

主星のまわりを太陽の直径の2千倍もあろうという超巨大な伴星がまわっているというのだ．2年間ぐらい光度がさがるのだが，その内1年間は完全にでかい伴星にかくれてしまうのだろう，皆既日食と同じように光度がほとんどかわらない．

子ヤギどころか，この伴星「こんな大きな星みたことない」と多くの人々をあきれさせた．この星の中心に太陽をおくと，地球はこの星の中のかなり中心にちかいところを公転することになるのだ．

しかし，あきれるほど大きなこの伴星，ただただ大きいだけでなく，この星のみせる奇妙なふるまいが，天文学者たちをまごつかせ，あげくのはては，大論争をまき起こすほどエキサイトさせた．

奇妙なのは，この巨大伴星が主星の前を通って完全に食の状態になっているはずなのに，この星からやってくる光を分析すると，暗くはなっているが，かくれたはずの主星（F2型）の光しかみつからないということだ．

もし ε 星が，F2型のスペクトルをみせる主星のまわりを，巨大伴星がまわっている普通の食連星だとすると，伴星が前を通るとき，主星のスペクトルが消えて，伴星の光だけがやってくるはずだ．ところが，ε

ぎょしゃ座のε星(エプシロン)は超巨大な伴星と手をつないだ連星か?

星は常に主星の光（F2型）だけが見えて伴星はまるで姿を見せようとしない．

影はみせても姿をあらわさない巨大なくせ者の正体は，いったいなんだろう？

伴星は星にあらず，という説も当然考えられる．

主星の光が伴星の隙間からすけてみえたり散乱しているという解釈ができるから，伴星は星ではなくて，宇宙塵と呼ばれる固体粒子の巨大な集団なのではないか，あるいは，遊離した電子が外層の大気としておおっていても，同様の散乱がおこると考えられるから，電子につつまれた巨大星なのだろうというのだ．

大気が電離されて電子がたくさんできる条件として，主星の紫外線輻射や，中心に高温星があってそのまわりを多くのガスがつつんでいる星が考えられるが，いずれもきめてがない．

1964年，アメリカの天文学者スーは，中心星のまわりを円盤状にとりかこんだ微小固体の塵がまわっていて，その塵の部分によって食がおこるのでは？という説をだした．塵部分は主星の光をさえぎるが，一部はみだした部分がみえる．つまり部分食と同じ状態をみているというのだ．

イギリスのコパルは，この暗黒の塵の集団を"太陽系誕生"の一過程ではないかと考えた．塵が自分たちの重力でたがいに引きあって収縮して，中心星のまわりで，ところどころ密度の高いかたまりができつつある．つまり，いままさに惑星がうまれようとしている原始太陽系だというのだ．極小期に小さな光度変化の振幅がみられるのは，そのせいだと考えればいい．

アメリカのカメロンは，この伴星はブラック・ホールではないかと推論した．

ε星は，主星の質量が太陽の35倍もあって，伴星も23倍の質量があることを考えると，主星のみならず伴星も当然ひかり輝く星でなければならない．塵がたとえ太陽の直径の2000倍にひろがっていても，表面温

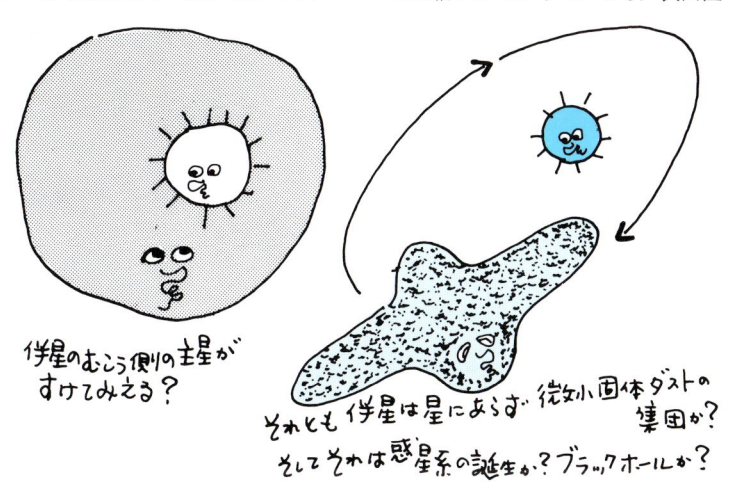

伴星のむこう側の主星がすけてみえる？

それとも伴星は星にあらず，微小固体ダストの集団か？
そしてそれは惑星系の誕生か？ブラックホールか？

度は5〜6000度になって輝くであろうというのだ.

そこで，カメロンはこの近接連星の関係を次のように考えた.

かつて伴星は，いまの主星よりうんと大きな星であった．したがって，先に進化して巨星への道をあゆんだにちがいない．膨張した伴星はガスをいまの主星に移動させたり，放出したりして，太陽質量の23倍くらいになったところで進化の終点に達したのではないか．これだけの大質量になると爆発をしないで，そのまま重力崩壊，つまり，どこまでもつぶれてしまうブラック・ホールになる．そして，そのまわりを大きく塵がとりかこんで円盤状に分布している．塵はすこしずつ中心のブラック・ホールにむかって落ちこんでいくだろう….

*

実はこのε星の伴星は，いまだにその正体をあきらかにしていない.

新しい太陽系の誕生をみているのか，それとも一つの星がこの世から消えた最後の姿，つまり，星の墓場なのか，あるいは，まったく意外な驚くべき実体がかくされているのか，ぎょしゃ座のε星は，まだしばらくは，話題をふりまくスターの座にいすわるつもりらしい.

＜　変光星　　　Ｆ2型　　＞

* ζ ゼータ
* η エータ

ハエディ (コヤギ)

となりのη星と共にコヤギにみたてられたらしい.

＜ ζ　変光星　　K4型+B7型　＞
＜ η　3.3等　　　　B3型　　＞

* θ シータ

五角星の一角，ぎょしゃ座の右肩か，右腕にあたる.

＜　2.7等　　　ＡＯ型　＞

* ι イオタ

五角星の一角，ぎょしゃの左足にある.

＜　2.9等　　　K3型　＞

フラムスチード星図の「ぎょしゃ座」

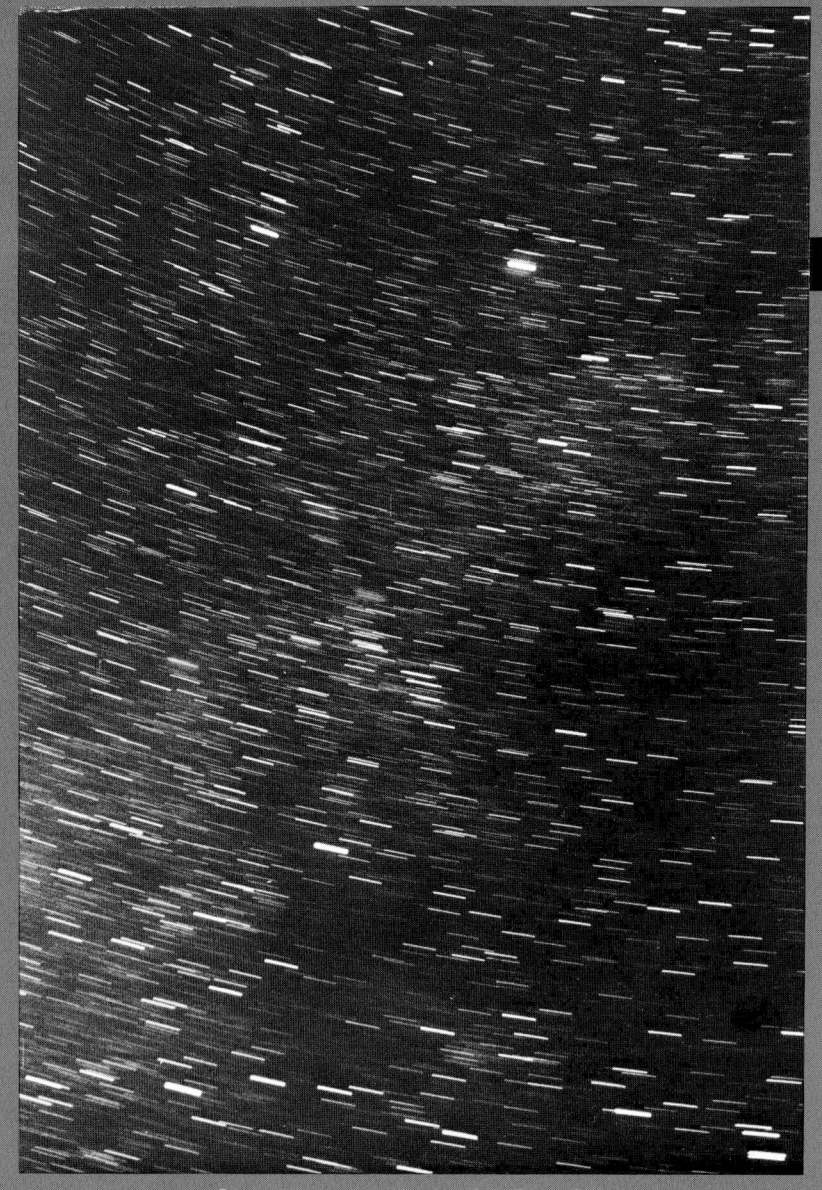

「冬の天の川にあるぎょしゃ座」撮影:森明

ぎょしゃ座の伝説

● ぎょしゃになったエリクトニオス王

　ぎょしゃ座になったのは，アテネ（アテナイ）の王エリクトニオスだといわれる．

　知性と戦いの女神アテナ（Athena アテーナー）が，武器を注文するために，火と鍛治の神ヘファイストス（Hephaistos ヘーパイストス）をたずねた時，ヘファイストスは女神アテナをおそった．

　ヘファイストスは生まれつき足が不自由で，しかも，みにくい顔をしていたので，せっかく妻にむかえた美の女神アフロディテ Aphrodite に裏切られてしまった．

　妻に逃げられてさみしかったのだろう．しかし，女神アテナはヘファイストスの愛をうけいれなかった．争っている内に，彼の子種が女神の足にからまったが，女神はすぐ羊の毛で拭きとって大地に投げすてた．

　やがて，大地は，ヘファイストスの子をみごもった．生まれた子は，父親と同じでやはり足が不自由だったが，エリクトニオス Erichthonios と呼ばれ，のちにアテネの国王になった．

　女神アテナは，自分を愛しそこなって生まれたエリクトニオスに対してやさしかった．

　女神は彼を不死身にしようと考えて，箱に入れてパンドロソスという娘にあずけた．パンドロソスは女神に箱をひらくことを禁じられていたのだが，好奇心をおさえることができず箱の中を見てしまった．ふたをとると，下半身がヘビの姿をしたエリクトニオスの赤ん坊がいたのだ．

　パンドロソスは，女神の怒りによって気が狂い，アクロポリスの山か

ぎょしゃ座の見どころガイド

✳ M36 と M37 と M38

　M36, M37, M38は，共に双眼鏡ではっきり認められる散開星団．

　M36とM37は，暗夜なら肉眼でボンヤリした光のシミとして認められるだろう．

　M36とM38は五角形の中，M37は少しだけはみだしている．

```
< M36・散開星団・6.3等
      視直径20'・3700光年     >
< M37・   〃    ・6.2等
      視直径25'・3600光年     >
< M38・   〃    ・7.4等
      視直径25'・2750光年     >
```

ら身を投げて死んだ．その後，アテナはエリクトニオスをアクロポリス山の自分の手もとで育てたという．

　アテネの王となったエリクトニオスは，不自由な足をカバーするために，四頭だての戦車をつくってのりまわした．だから，星になったエリクトニオスは，"馭者座"と呼ばれるのだ．　　　　　　　（ギリシャ）

　　　　　　　＊

　ぎょしゃ座の足にあたるγ星は，1930年以来なくなった．おうし座の角（β星）にとられてしまったからだ．

　角をきるか，足をきるか，さて，どっちを生かすべきか？と，境界線を決定するとき，決め手となったのは，足の不自由なエリクトニオスの伝説ではなかっただろうか？

　エリクトニオスは，よくよくついていない王様である．星になってからも，また足をもぎとられてしまった．

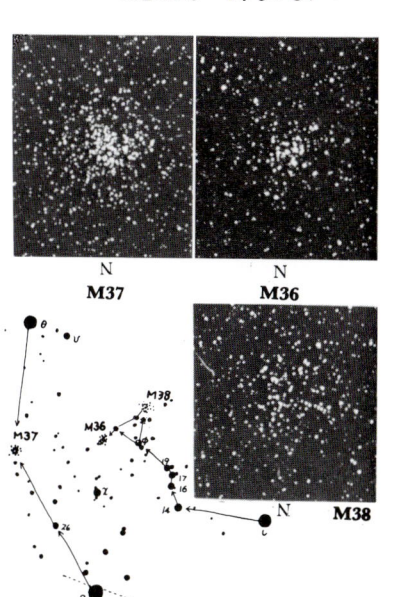

M37　　　M36

M38

M37, M36, M38 のさがしかた

7 ふたご座 (日本名)

GEMINI (学名)
ゲミニ

ふたご座の みりょく

ひなまつりの夜, なかよく並んだふたご座のα星とβ星を, 内裏びな(だいり)にみたてて眺めるといい.

α星がだいりさまで, β星がおひなさまだ.

α星の光度1.6等に対して, β星は1.2等なので四捨五入の原則にしたがえば, だいりさまが2等星で, おひなさまが1等星ということになる. もちろん, だからといって女性上位を表現しているわけではない. 彼女のほうが明るいのは"この日のために"とせいいっぱい着かざって胸をときめかせているせいだろう. うれしくてポオッと上気した彼女の顔が, こころなしか赤く感じられるはず. 3月3日の宵, 二人はほとんど天頂にのぼる.

まわりの"おおいぬ""こいぬ""オリオン""ぎょしゃ""おうし"といった冬の星座達が, ひな壇を賑やかにしてくれる. オリオンの二つの1等星は右近と左近, 三つ星は三人官女, そして, プレアデスが六人ばやし?といったところだ.

白く流れた冬の天の川が, こぼれた白酒にもみえてくる.

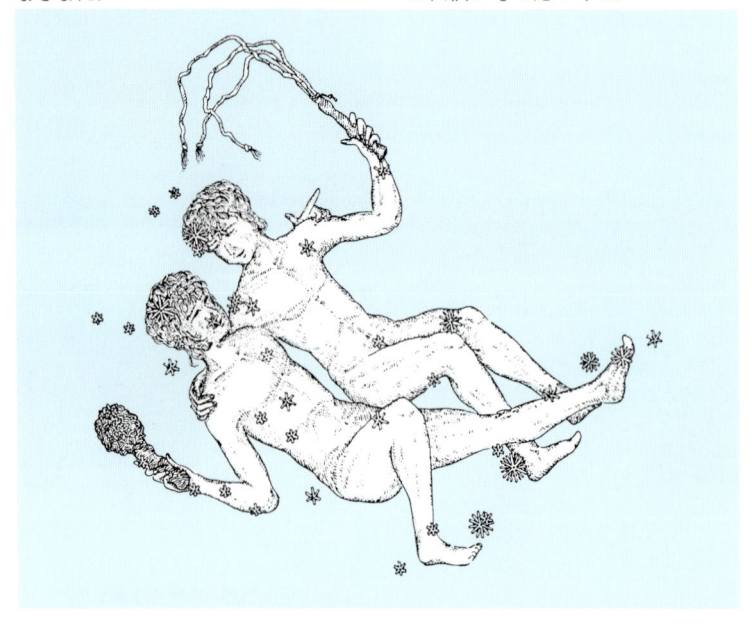

にらみ星

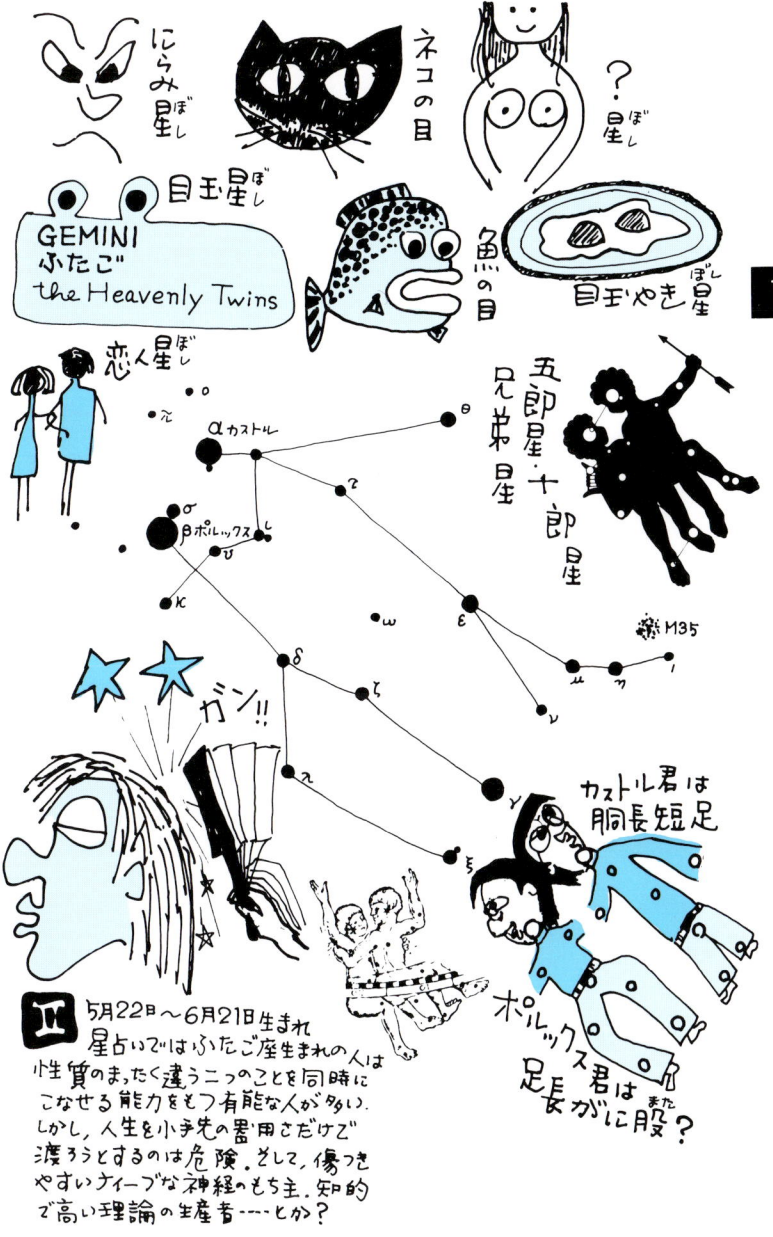

ネコの目

？星

目玉星

GEMINI
ふたご
the Heavenly Twins

魚の目

目玉やき星

恋人星

五郎星・十郎星
兄弟星

α カストル

β ポルックス

M35

ガン!!

カストル君は胴長短足

ポルックス君は足長がに股?

♊ 5月22日～6月21日生まれ
星占いではふたご座生まれの人は性質のまったく違う二つのことを同時にこなせる能力をもつ有能な人が多い。しかし、人生を小手先の器用さだけで渡ろうとするのは危険。そして、傷つきやすいナィーブな神経のもち主。知的で高い理論の生産者----とか?

ふたご座の星々

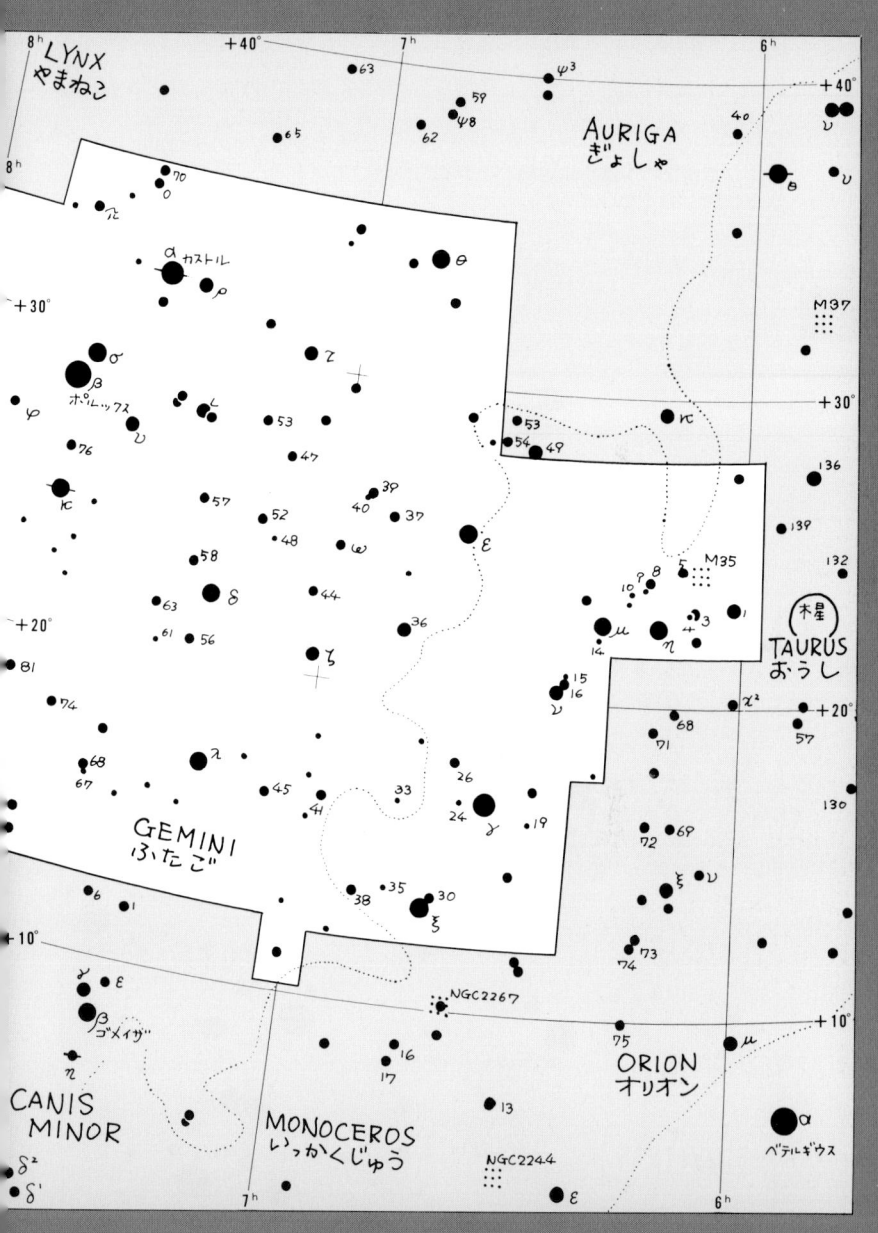

ふたご座の星図

ふたご座のみつけかた

ふたご座をみつけることは，それほどむずかしくない．

仲よく並んだα星とβ星のカップルがみつかればあとは簡単．α星からτ—ε—μと結んだ星列と，β星からδ—ζ—γと結んだ星列が，平行にならぶのがわかるだろう．

αとβを双子のそれぞれの頭にみたて，μ星とγ星を足にすると，肩をくんで立つ仲のいい双子の兄弟といった感じになる．

二人は並んで冬の天の川に足をひたしている．

α，βの兄弟星は，天頂にのぼる南中時がもっともみつけやすい．東の地平線からオリオンが昇るとき，そのすこし左から顔をだす兄弟星もみつけやすい．昇るときの兄弟星はα星とβ星がたてに並んでいる．

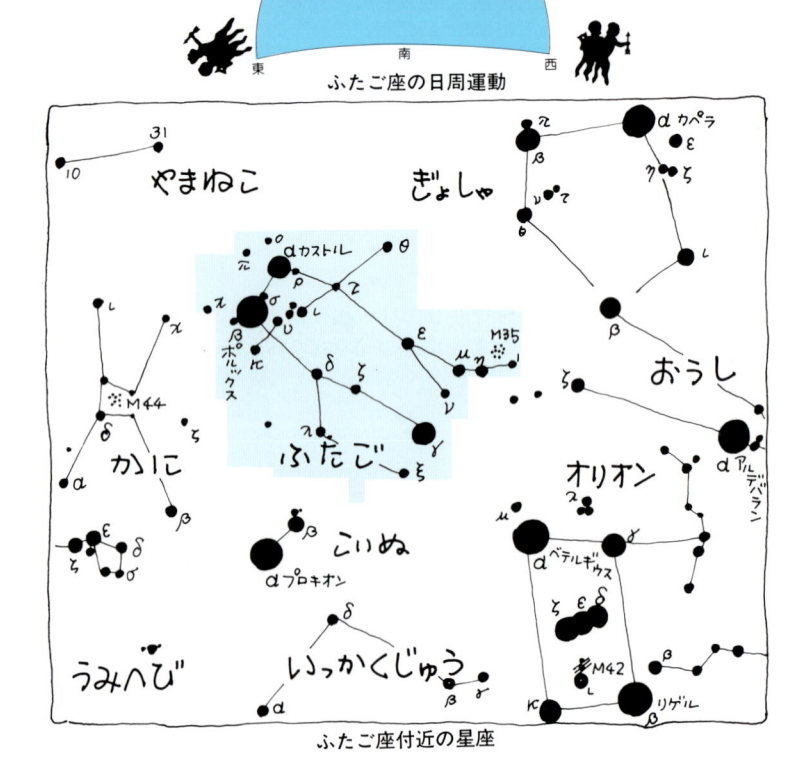

ふたご座の日周運動

ふたご座付近の星座

ふたご座を見るには（表対照）

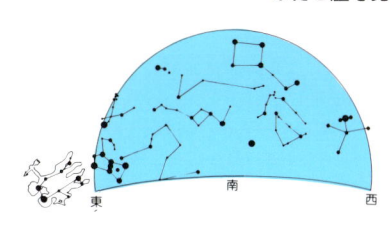

1月1日ごろ	17時30分	7月1日ごろ	5時30分
2月1日ごろ	15時30分	8月1日ごろ	3時30分
3月1日ごろ	13時30分	9月1日ごろ	1時30分
4月1日ごろ	11時30分	10月1日ごろ	23時30分
5月1日ごろ	9時30分	11月1日ごろ	21時30分
6月1日ごろ	7時30分	12月1日ごろ	19時30分

■は夜，■は薄明，□は昼．

1月1日ごろ	21時	7月1日ごろ	9時
2月1日ごろ	19時	8月1日ごろ	7時
3月1日ごろ	17時	9月1日ごろ	5時
4月1日ごろ	15時	10月1日ごろ	3時
5月1日ごろ	13時	11月1日ごろ	1時
6月1日ごろ	11時	12月1日ごろ	23時

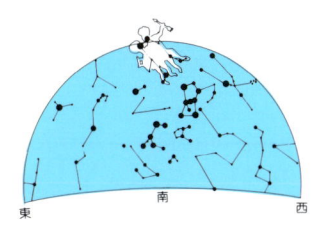

1月1日ごろ	0時30分	7月1日ごろ	12時30分
2月1日ごろ	22時30分	8月1日ごろ	10時30分
3月1日ごろ	20時30分	9月1日ごろ	8時30分
4月1日ごろ	18時30分	10月1日ごろ	6時30分
5月1日ごろ	16時30分	11月1日ごろ	4時30分
6月1日ごろ	14時30分	12月1日ごろ	2時30分

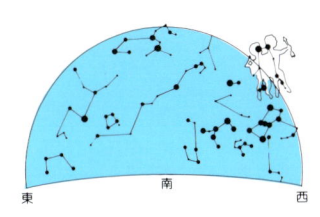

1月1日ごろ	4時	7月1日ごろ	16時
2月1日ごろ	2時	8月1日ごろ	14時
3月1日ごろ	0時	9月1日ごろ	12時
4月1日ごろ	22時	10月1日ごろ	10時
5月1日ごろ	20時	11月1日ごろ	8時
6月1日ごろ	18時	12月1日ごろ	6時

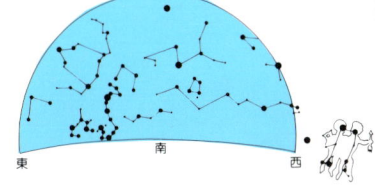

1月1日ごろ	7時30分	7月1日ごろ	19時30分
2月1日ごろ	5時30分	8月1日ごろ	17時30分
3月1日ごろ	3時30分	9月1日ごろ	15時30分
4月1日ごろ	1時30分	10月1日ごろ	13時30分
5月1日ごろ	23時30分	11月1日ごろ	11時30分
6月1日ごろ	21時30分	12月1日ごろ	9時30分

東経137°，北緯35°

ふたご座の歴史

なかよく二つ並んだ双子星は，その気になってさがすといくつでも発見できる．しかし，ふたご座の双子星ほど堂々とした双子星をみつけることはむずかしい．すでに古代バビロニアの時代から双子星と呼ばれる星はいくつかあったようだが，その中でカストルとポルックスは"大きな双子"と呼ばれ，星座として生きのこった．

もちろん，プトレマイオス48星座に名をつらねる古典星座で，黄道12星座の一つでもある．

ふたご座のラテン名（学名）はゲミニ Gemini．

月を征服したアポロ計画の成功の影に，ジェミニ計画による基礎づくりがあったことを忘れることはできない．ジェミニはゲミニの英語式発音によるものだ．

二人乗りの衛星船を打上げて，宇宙遊泳やドッキングの練習をしたこの計画を，ジェミニ計画と呼んだのは，仲のいい双子にあやかろうという意味もあったのだろう．

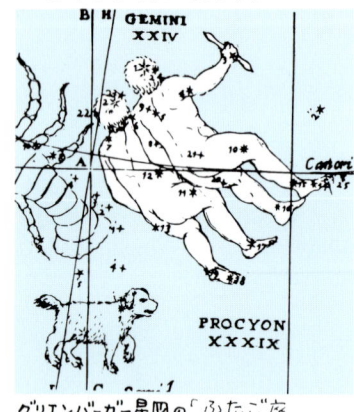

グリエンバーガー星図の「ふたご座」

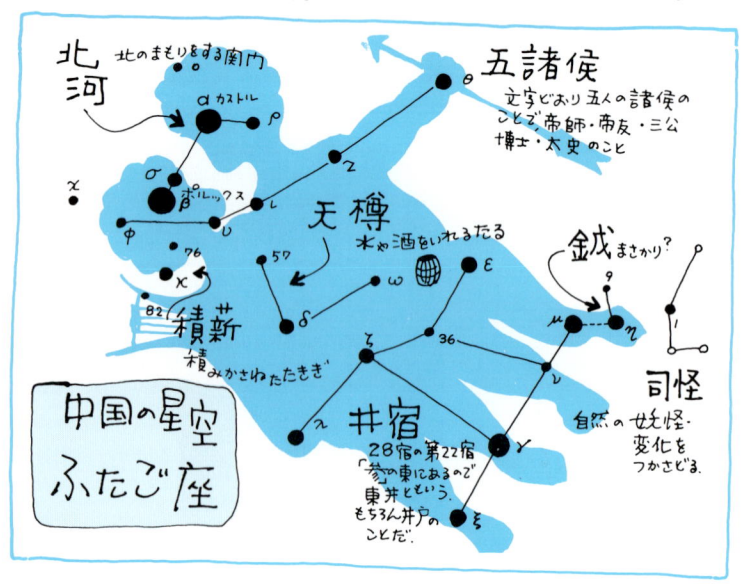

中国の星空 ふたご座

- 北河　北のまもりをする関門　αカストル
- 五諸侯　文字どおり五人の諸侯のことで，帝師・帝友・三公・博士・太史のこと
- 天樽　水や酒をいれるたる
- 鉞　まさかり？
- 積薪　積みかさねたたきぎ
- 司怪　自然のもさ怪・変化をつかさどる
- 井宿　28宿の第22宿「参の東にあるので東井ともいう　もちろん井戸のことだ．

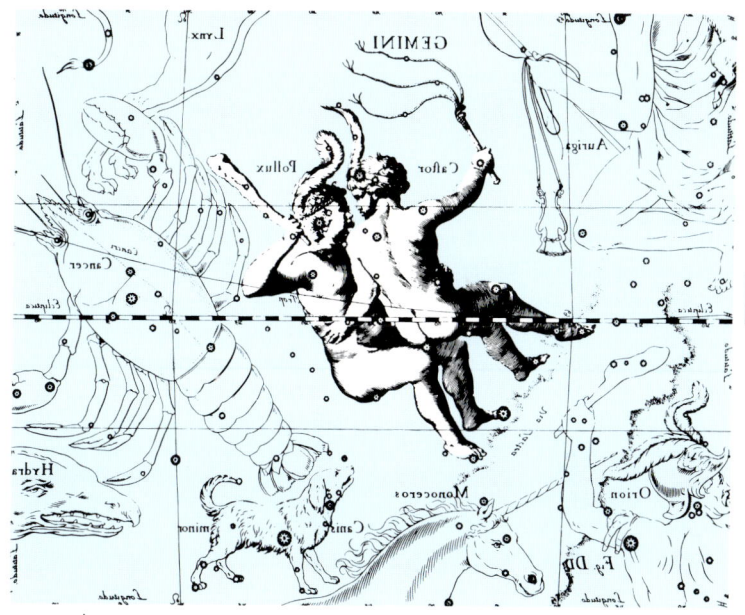

ヘベリウス星図の"ふたご座"(逆版)

話題 真夏の太陽とふたご座

　夏至点のすぐちかくに，散開星団M35があるのだが，カストルの足かざりというより，真夏の太陽で火傷した"カストルの足の水ぶくれ"といったほうがふさわしいようだ．

　夏至の太陽はふたご座のあしもとにあるη星のちかくで輝く．夏至の太陽の輝く位置を夏至点というが，もちろん，星空の中にその点がみえるわけではない．

　真夏の太陽とドッキングしたふたご座は，6月の昼間，南の空高くのぼるのだ．

夏至の太陽は1番星の上を通る

ふたご座の星と名前

＊α アルファ

カストル (CASTOR)

なかよく並んだ二つの輝星には，ギリシャ神話の双子の兄弟の名前がつけられた．

カストル(α)とポルックス(β)を頭にみたてると，冬の銀河にむかって二列の星列ができて，肩をくんで足を銀河にひたす双子の姿が想像できる．

二つ並べて，わずかに暗く，わずかに青いほうがカストル(α星)だ．"主星αのほうが暗いのはなぜだろう？"という素朴な疑問がうかぶのだが，その答には決め手がない．

バイエルが命名した当時(1603年)は，β星よりα星のほうが明るかったのだろうか？　星も生きているのだから，輝きも永遠ではないのだとみるべきか，それとも，バイエルは実際に星をみて命名したのではなくて，他人のつくった星表をつかって命名したのではないだろうか？　当時の星表は星の光度に対して厳密ではなく，αとβは同じ光度としてしるされていたので，たまたまバイエルがα星としてえらんだ星が，少し暗いほうだったにすぎないということなのだ．

おそらく，後者ではないかと考えられるが，次のようなみかたもできる．

バイエルはかならずしも星座中の明るい星から順にα，β，γ…と命名しているわけではなく，かなり気まぐれなところがある．たとえば，おおぐま座などは，約束ごとをまるで無視して北斗七星の並んだ順に命名している．ふたご座の二星の場合は，東からのぼるとき，たてに並んで順にのぼるので，先にのぼる星を主星αとしたのではないだろうか，というのだが，いかがだろう？

ふたご座の主星に関するミステリー，あなたはこの謎をどう解きますか？

ところで，双子の二人のうち，カストルを兄とする人が多いのもわからない．伝説によれば二人ともハクチョウの卵から同時に生まれたのだから，カストルを兄とする決め手は

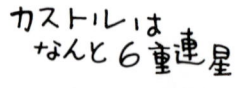

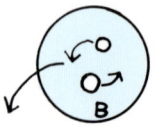

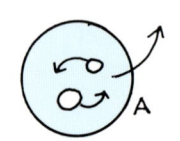

カストルはなんと6重連星

六重連の複雑な関係

どこにもない

　一説によれば、ポルックスは白鳥に姿をかえたゼウスがスパルタの王妃レダを訪ねたときにできた神の子で、カストルはゼウスが天にかえったあと、帰国したスパルタ国王によって生まれた人の子であるという。となると、むしろ兄はポルックスで、ポルックスのほうが主星にふさわしいのではないだろうか。その点では、明るい方をポルックスと呼んだのは自然である。カストルをα星としたのは、やはりバイエルのミステイクというべきなのだろう。

　さて、この双子の二星、科学の目でみた正体をくらべると、これがなんと、似ても似つかぬまるでちがう他人の星なのだ。

　カストルは珍しい六重連星で、ポルックスは赤味がかった低温の単独星である。

　カストルを天体望遠鏡でみると、カストルA（2.0等）とカストルB（2.9等）の二星に分離してみえる。AとBは420年の周期でたがいの共通重心のまわりを回っている。

　大望遠鏡をつかうとA、Bのまわりを公転しているカストルC（9等）がみつかる。AとBが青白い高温星なのに対して、Cは赤い低温の矮星で、少なくとも数万年というとてつもなく長い周期でまわっているらしい。

　一見、三重星にみえるカストルの星々は、なんといずれも二つの星がごく接近してまわりあう連星であった。AとBはそれぞれ3日と9日の周期で公転する分光連星で、Cはたった19時間で公転する食変光星なのだ。いずれもたがいの姿が変形するほど近くで、手をつないで引っぱりあう近接連星である。

　カストルの年齢はおよそ一億年と推定されている。AとBの主星は共に表面温度約1万度で輝く一人前の星に成長しているが、Cは主星も伴星も共に質量が小さく収縮がとまって一人前になるのにまだ100億年はかかろうという幼年の星である。

　六重連星カストルには、複雑な家庭の事情があるらしい。

<　1.6等　　A2型+A0型　>

カストルは六重連星

		太陽質量		公転周期
A	主星	〃	×2.3	2.9日
	伴星	〃	×0.5	
B	主星	〃	×2.6	9.2日
	伴星	〃	×0.5	
C	主星	〃	×0.6	0.8日
	伴星	〃	×0.6	

＊β ベータ
ポルックス (POLLUX)

　カストルがA型星なのに対して、ポルックスはK型星なので、二つを見くらべると明らかに色のちがいを認めることができる。

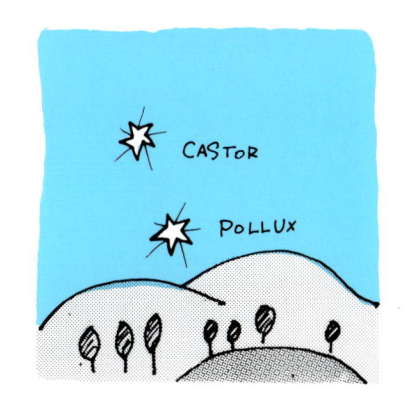

<　1.2等　　K0型　>

✳ γ ガンマ

アルヘナ (ラクダのやき印)

　アルヘナ Alhena はラクダや馬の首につけるしるしのことをいうアラビア名らしい．ふたごをえがくと，γ星はポルックスの足に輝く．

< 　1.9等　　A1型　 >

✳ δ デルタ

ワサト (中央)

　ワサト Wasat と呼ばれたのは，ポルックスの頭（β）と足（γ）の中央にあるからか，あるいは，ふたご座の中央にあるからか，それとも，ほとんど黄道上に輝くというたいへん重要な位置にあるからだろうか？

　ワサトは"ポルックスのへそ"と呼びたいところで輝いている．

< 　3.5等　　A8型　 >

✳ ε エプシロン

メブスタ (のばす)

　うっかりメスブタと読んでしまいそうな名前だ．メブスタ Mebsuta はカストルがのばした足のひざっ小僧のあたりで輝く．

　実は，アラビアでえがかれた大きなライオン（かみのけ座，しし座，かに座を含む巨大ジシ）がのばした前足がこのあたりになるらしい．

< 　3.2等　　G8型　 >

✳ ζ ゼータ

メクブダ (ちぢむ)

　これもまた，うっかりメスブタと読みちがえそうな名前だが，上記の巨大ライオンのちぢめた足がこのあたりにあったのだろう．

　メクブダ Mekbuda はポルックスのやはりひざっ小僧で輝くが，足をちぢめているようにはみえない．

< 　変光3.7等～4.2等　　G0型　 >

✳ η エータ
プロプス (つきでた足)

プロプス Propus は，有名な散開星団M35の近くにある．
カストルが前につきだした足の星ということなのだろうか．
< 変光 3.3等～3.9等　M3型 >

✳ ι イオタ

並んだカストルとポルックスの肩が，このι星でくっついている．
< 　3.9等　　G7型　 >

✳ κ カッパ

ポルックスの右肩というか，ひろげた右手にみたてられるところで輝く．
< 　3.7等　　G7型　 >

ふたご座の星座絵いろいろ

→ はだかの双子

ヒヒと三日月形のかまをもった双子（バイエル）

← 翼をつけた双子

← こん棒とむちをもつ双子（ドッフルメイヤー）

← やりをもつ双子

← 男性と女性がえがかれためずらしい双子（アルフォンス）

→ ペニス風のコスチュームをつけた双子（ヒギヌス）

話題 日本の双子星 きんぼし・ぎんぼし

ふたご座のα星とβ星は約5°離れて並んでいる．

この二つの輝星を一対にみたニックネームは日本にも多い．

3月ひなまつりの夜に高くのぼることから"ひなまつり星""だいりびな"をはじめ，"兄弟星""曽我の五郎・十郎星""夫婦星"．単純なところでは"二星""二つ星"がある．"めがね星""ネコのめ""カニのめ""イヌの目""めだま星"そして"にらみ星"と，動物や人の両眼にみたてた呼名も多い．

お正月のよいに東からのぼるようになるので，"門松星""門星""としとり星""ぞうに星""餅くい星"．この星がのぼると雑煮がたべられるというわけだ．

なかでも"金星・銀星"という呼名がおもしろい．

二星のわずかなみかけの色のちがいが，この名を生んだのだろう．α星は約1万度，β星は約5500度と，表面温度のちがいによるものだ．

A型のα星を銀星にみたてると，なるほどK型のβ星が金星にみえてくる．おひなさまの顔がポオッと赤くそまるのは，けっして偶然や錯覚ではないのだ．

お正月のよいにのぼる"きんぼしさま・ぎんぼしさま"は，3月のよいに天頂にのぼり，6月のよいにやっと西にしずむ．金銀の星は，およそ半年間，その縁起のいい姿を私たちにみせてくれる．

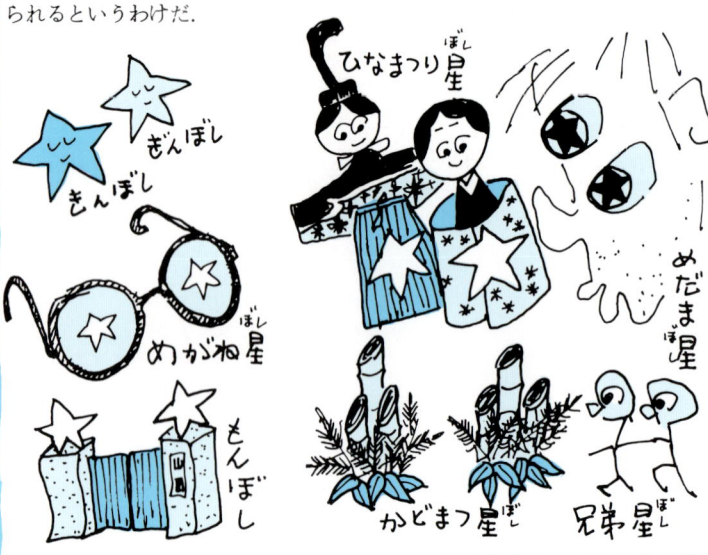

話題

年のくれのおたのしみ
ふたご座流星群をみる

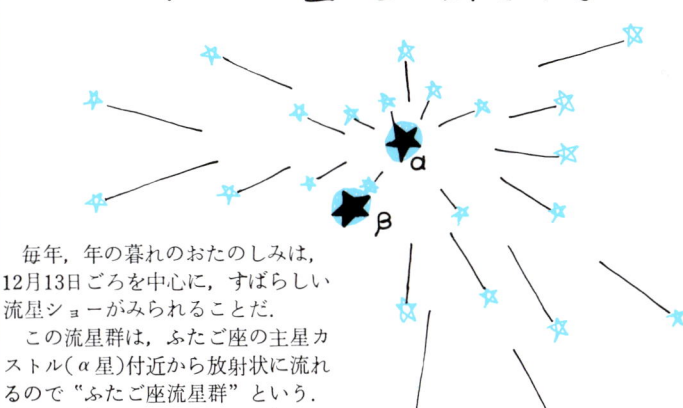

　毎年，年の暮れのおたのしみは，12月13日ごろを中心に，すばらしい流星ショーがみられることだ．

　この流星群は，ふたご座の主星カストル（α星）付近から放射状に流れるので"ふたご座流星群"という．

　多いときには，1時間に50個ちかくの流星がみえるのだから，夏のペルセウス座流星群と共に，楽しめる流星群の横綱といっていい．

　ペルセウス座流星群が男性的なのに対して，ふたご座流星群は女性的だと評する人もある．ペルセウス座流星群のように長く流れたり，流れる途中爆発したり，青白い痕をのこしたり…といった著しい変化をみせるわけでなく，ふたご座流星群は，みじかく，比較的平凡に，ゆっくりハラハラと流れるからだろう．ペルセ群が打上げ花火なら，ふたご群は線香花火だという表現もまたおもしろい．もちろん線香花火には線香花火なりの美しさがある．

　12月のふたご座は，夕方に東の地平線からのぼって，明け方西に傾くから，輻射点（放射点）は一晩中地平線上にある．ふたご座流星群は終夜にわたって流星ショーが楽しめるというわけだ．

　輻射点が南中するのは，午前2時ごろになるが，ほとんど天頂にのぼる．真夜中の流星ショーは天頂を中心に四方八方へ流れる流星の乱舞が楽しめるだろう．

　12月11日ごろから多くなり，13日〜14日ごろ極大，以後急に減少する流星群である．暮れの流星ショーをくれぐれもお忘れなく．

ふたご座の伝説

空に逃げた子ども星

貧乏な夫婦に双子が生まれた．

二人共すくすくと成長したが，両親は二人の子どもに，満足な着物をきせられないし，食物も十分あたえられないことを思うと，ふびんでならなかった．

ある夜，両親は子どもを一人，お金持ちの家へ里子に出そうと話合った．

二人の子どもは，この両親の相談をとなりの部屋からきき耳をたてて知ってしまった．二人は別れ別れになることを恐れて家出をした．

両親はすぐあとを追ったが，子どもは島から島へと逃げまわるので，なかなかつかまらない．

タヒチ島にわたった子どもは山にのぼった．両親もつづいてのぼった．とうとう，頂上へ追いつめられた子どもは，おもいきって空にとびあがった．

天の神さまは，この子たちの心をくんで，二人を並べて星にしてやった．

二人はいまでも仲よく並んでうれしそうに輝いている．

（ポリネシヤ）

タマゴから生まれたカストルとポルックス

一般に，ふたご座のα星はカストル Castor，β星はポルックス Pollux という固有名で呼ばれる．

ギリシャ神話の中で活やくする双子の名前である．

二人は，天の大神ゼウスの浮気で生まれたという．

スパルタの美しい王妃レダ Leda に恋をしたゼウスは，白鳥に姿をかえて彼女のもとへよった．

ゼウスに愛されたレダは，やがておなかが大きくなって，なんと白鳥の卵を生んだ．カストルとポルックス（ギリシャ神話ではポリュデウケス Polydeukes）は，この卵からでた双子の兄弟である．この二人はディオスクロイ Dioskuroi（ゼウスの息子たち）と呼ばれた．

一説によると，白鳥になったゼウスが天に帰った夜，スパルタ国王テュンダレオス Tyndareos が遠征からかえってきた．レダはその夜，夫テュンダレオスにも愛された．

卵から生まれたポルックスはゼウスの子，そして，カストルはテュンダレオス王の子である．つまり，この双子の一人は神の子，一人は人間の子として誕生してしまったというのだ．

そして，もう一説によれば，レダ

ヘレネとクリュタイムネストラは美しい娘となり，カストルとポルックスは，共に立派な勇士となって活躍した．

ヘレネは，トロイア戦争の原因となったことで有名な美女（トロイのヘレン）である．クリュタイムネストラはのちに夫を殺してしまう悲劇のヒロインとなった．

●双子の冒険物語

は卵を二つ生んだともいう．

一つの卵からゼウスの子ポルックスとヘレネ Helene が，もう一つの卵からはテュンダレオス王の子カストルとクリュタイムネストラが生まれた．

双子の兄弟は，成長すると共にそれぞれ乗馬と拳闘の名手となった．

カストルの手にかかれば，荒馬もたちまちてなずけられてしまうし，ポルックスのボクシングの美技は見るものをうならせるほどであった．

二人はいつも行動を共にした仲のいい兄弟であった．

巨人をとらえる ポルックスとカストル （ギリシャの花びん絵から）

のちに二人はアルゴ船の遠征に参加して，イアソンを助けて活躍をする．航海の途中，ひどい嵐にであったとき，ことの名手オルフェウスは神に祈りながら懸命に堅琴をかなでた．するとふしぎに荒れくるっていた嵐はしだいに静まり，突然双子の兄弟の頭上に星があらわれた．船は星に導かれて無事嵐の中をきりぬけることができた．

以来，カストルとポルックスは，航海の守護神とされた．雷雨や嵐の夜，船の帆柱や船首など，尖ったところにでるセント・エルモの火を，この兄弟の名で呼ぶようになったという．

アルゴ船の遠征の後，二人はイダスとリュンケウス兄弟を相手にたたかった．

カストル兄弟が，二人の叔父レオキッポスの娘ヒラエイラとポイベをさらって妻にしてしまったとき，もう一人の叔父アパレウスの子で，さらわれたヒラエイラとポイベの婚約者であったイダス Idas とリュンケウス Lynkeus が怒って戦いをいどんだ．

さすがのカストル兄弟も，人間の中でもっとも強いといわれたイダスには勝てなかった．

カストルはたちまちイダスの手にかかって殺されてしまった．ポルックスはイダス兄弟を追って，彼等に槍を投げると，槍はリュンケウスの胸に命中した．ポルックスはさらにイダスを追ったが，今度はイダスが投げた石が頭にあたって気絶してしまった．

大神ゼウスは，わが子の危機をみて，雷げきでイダスを倒し，ポルックスを天上へ救いだした．そして，ポルックスに今後は天上でくらすよ

うにすすめた．

しかし，ポルックスは，仲のいい兄弟カストルの死をいたみ，自分の命とひきかえにしてもいいから彼を生きかえらせてほしいと，父ゼウスにねがった．

ゼウスは，人間の子カストルのもつ運命と，神の子ポルックスのもつ不死身の運命を半分ずつわけあうことをゆるした．

そこで二人は，一日の半分は地下にもぐって，人間の死後の世界，つまり冥府の国でくらし，あと半分は神の世界である天上でくらすことになったという．

*

ふたご座の2星が，一日のうち半分は仲よく並んで空にのぼり，あとの半分は地平線の下にもぐることから生まれたいい伝えなのだろう．

*

別の説では，カストル兄弟とイダス兄弟の4人がアルカディアでうばった牛の分配であらそったという．うばった牛の分配の方法をイダスにまかせたら，イダスは一頭の牛を4等分した．そして，それぞれにも肉を分配して，こういった．

「自分の分をもっとも早く食いつくしたものが獲物の半分をとり，次に早いものがのこりをもらうことにしよう」

ところが，イダス兄弟はそういうやいなや，あっというまに二人分を食いつくして，獲物の牛を全部とりあげてしまった．

怒ったカストルとポルックスはイダス兄弟のあと追ったが，結果は前記のとおり． （ギリシャ）

ふたご座の見どころガイド

✱ M35は カストルの足かざり

双子の一人、カストルの足もとにみごとな散開星団M35がある。

ベスト5の一つにあげられる見のがせない有名な散開星団で、肉眼でもはっきり位置の確認ができるほど大きくて明るい。もちろん、月のない暗夜でのことだが…。

双眼鏡でみると、すでに大型星団らしい迫力が感じられる。視直径40′ということは、満月の30′より大きくひろがっているのだから、天体望遠鏡ですこし倍率をあげると視野からはみだしてしまうだろう。

カストルの足もとにあるμ星とη星がみつかったら、その先の1番星をさがし、1番星→η星→M35で直角三角形をつくる。1番星の約1°東、そして約1°北にあるM35は、おしゃれなカストルの足かざりだ。

＜M35・散開星団・5.3等
視直径30′・距離2850光年＞

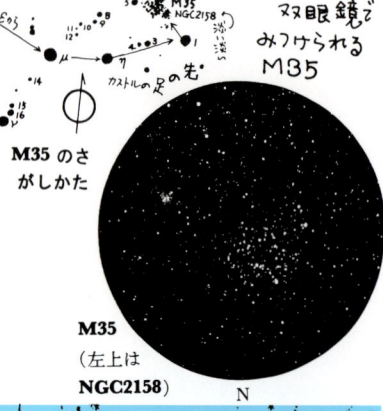

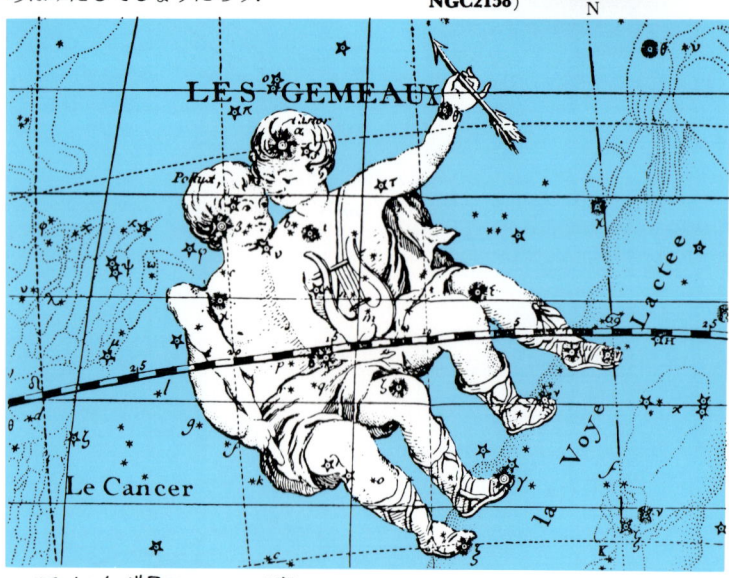

双眼鏡でみつけられるM35

M35のさがしかた

M35
（左上は NGC2158）

フラムスチード星図のふたご座

● 星座絵のある星図 ●

南天の円形星図
ラカーユの星図

　ラカーユ Nicolas Louis de Lacaille は，フランスの代表的な天文学者で1750年〜1754年にかけて南半球の星空の観測にあたった．

　彼が南アフリカのケープタウンで観測した恒星は約1万個におよんだが，その観測結果は彼の死後1763年に南天恒星カタログとして出版された．

　ドイツのバイエルが1603年に発表した南天の新設12星座は，ほとんどが南の国でみた珍しい生物だったのだが，それ等の隙間をうめたラカーユの14星座は，当時(18世紀)の文明の利器である．

　残念ながら，当時の文明の利器は20世紀のいまとなると，いずれもたいして珍しくもない，しかも骨とう品としての価値も認められない粗大ゴミになってしまった．

　ラカーユの星座の最大の欠点は，いずれも，星を結んでその星座の姿が思いうかべられないことだ．ラカーユにかぎらず，バイエルの南天星座についてもいえることだが….

　ラカーユの絵入り南天星図は，円形星図となって，第2版のフラムスチード星図(パリ版，1776年)のうしろに，付図として掲載されている．

　南の空にあった巨大星座"アルゴ船座"を，大きすぎるからと，4分割(とも座，ほ座，らしんばん座，りゅうこつ座)したのも，このラカーユである．

　ラカーユにもうすこし絵ごころというか，デザイン能力というか，そういう美的感覚があったら，南の星空はもっと楽しくできただろうに…と私はいつも残念におもう．

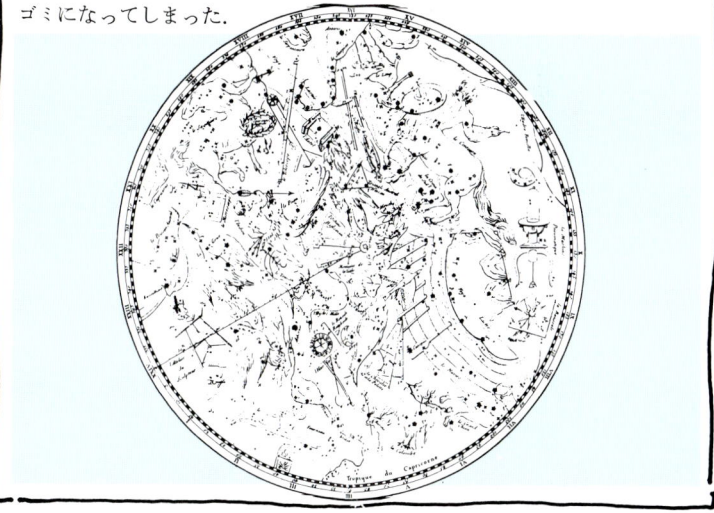

8 こいぬ座 (日本名)
CANIS MINOR カニス ミノル (学名)

こいぬ座の みりょく

人間にかぎらず, 子どもはかわいい. たとえそれがカマキリでも, ヘビやトカゲであっても, 子どもはかわいい.

おおいぬ座にくらべて, こいぬ座はやっぱりかわいい.

こいぬ座の主星 α(プロキオン)は 0.5 等というなかなかの輝星だが, おおいぬ座のシリウスの -1.4 等という強烈な輝きとくらべると, いかにも"小型シリウス"というふうで, コイヌのかわいらしさを感じさせる.

コイヌは冬の散歩がうれしくてたまらないというように, 先にのぼって「はやく, はやく」と親犬をせきたてるのだ.

この親子, 山の雪が消えはじめる 5 月のよいに, 西の地平線にちかづくのだが, コイヌはまだ遊びたりないらしい. 先に沈んだ親イヌに何度も呼ばれて, いやいやをしながら, およそ 1 か月も遅れてやっと地平線にかくれる.

冬の天の川がみえる夜なら, おおいぬ座のシリウスと, 川をへだてて輝く一等星が, こいぬ座のプロキオンだ. この二星, さしずめ冬の織姫星と彦星といったところだ.

雪の季節にみる恋人たちは, 夏の恋人たちにない一種独特の雰囲気をもちあわせている. 私はこの二人を"白い恋人たち"と呼ぶことにしている. もちろん, すこしひかえめに輝くプロキオンが女性である.

冬の恋人たちは, なぜか夏の二人ほど哀れを感じさせない.

寒さが天の川を凍らせてしまったからだろうか? それとも冬の天の川は, 二人にとって雪のゲレンデなのだろうか?

寒さのキビシイ夜ほど, 二人の輝きにつやがある.

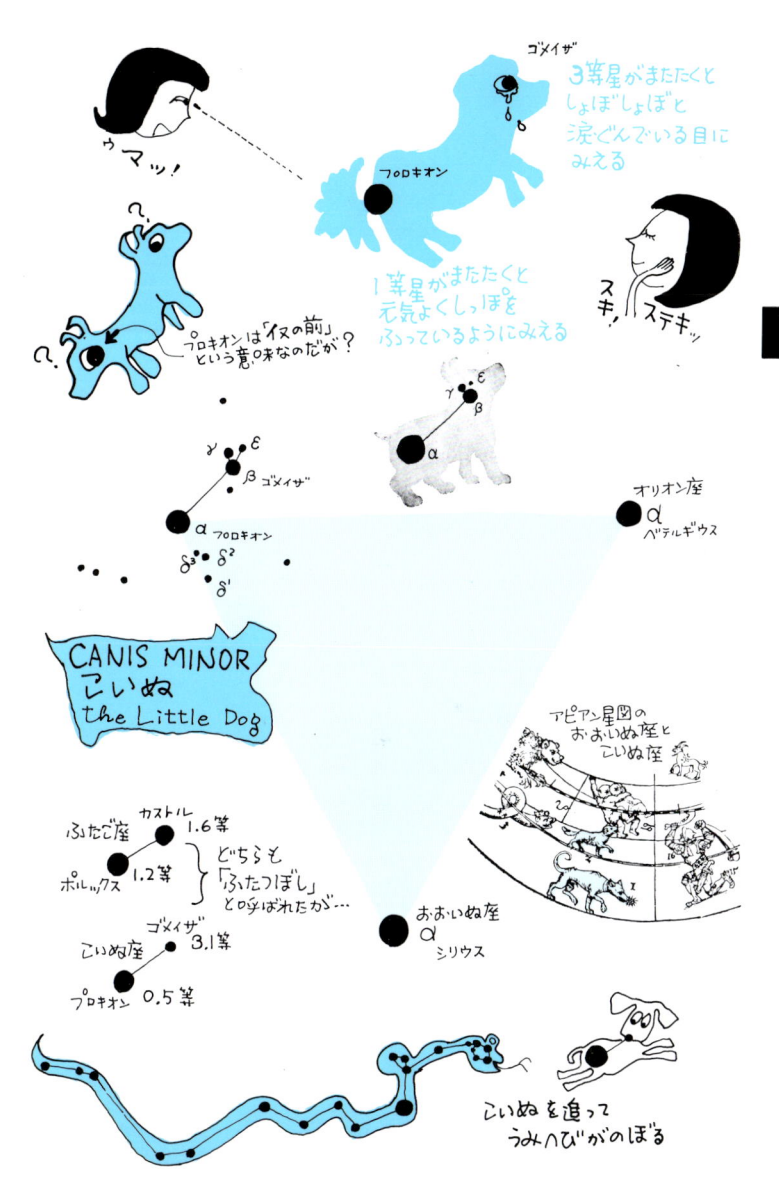

ゴメイザ
3等星がまたたくと
しょぼしょぼと
涙ぐんでいる目に
みえる

ウマッ！

プロキオン

1等星がまたたくと
元気よくしっぽを
ふっているようにみえる

スキッ！ステキッ！

プロキオンは「イヌの前」
という意味なのだが？

γ ε
β ゴメイザ
α プロキオン
δ³ δ²
δ¹

CANIS MINOR
こいぬ
the Little Dog

オリオン座
α ベテルギウス

アピアン星図の
おおいぬ座と
こいぬ座

ふたご座
カストル 1.6等
ポルックス 1.2等
どちらも
「ふたつぼし」
と呼ばれたが…

こいぬ座
ゴメイザ 3.1等
プロキオン 0.5等

おおいぬ座
α シリウス

こいぬを追って
うみへびがのぼる

こいぬ座・いっかくじゅう座の星々

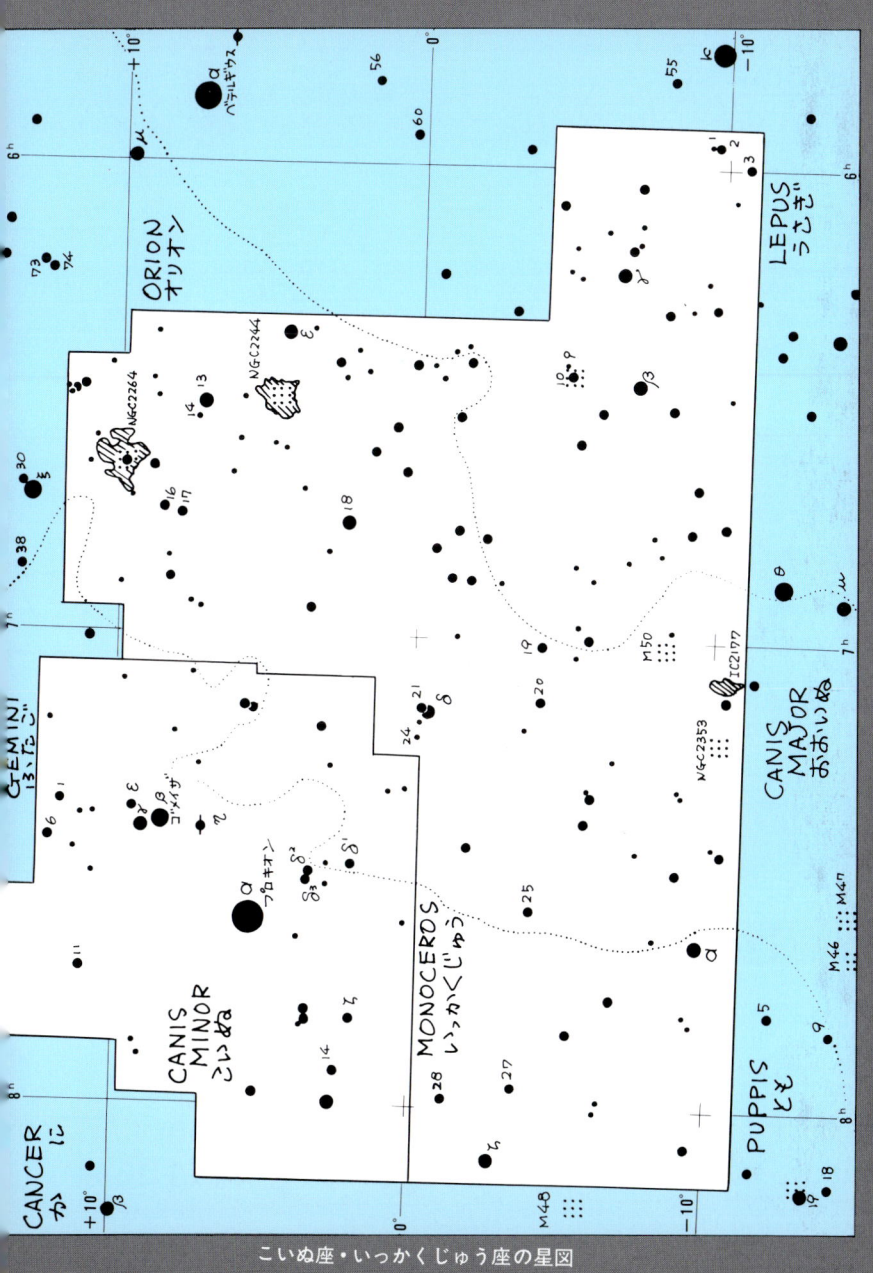

こいぬ座・いっかくじゅう座の星図

こいぬ座の みつけかた

こいぬ座は, 冬の三角星の一角をしめる主星プロキオンがみつかればいい.

冬の三角は2月～3月のよいに南中するが, その内もっとも明るいのがおおいぬ座のシリウスで, もっとも赤く輝くのがオリオン座のベテルギウスである. つまり残った一つがプロキオンなのだ.

南中高度はベテルギウスとプロキオンが約60°, シリウスがすこし低くて約40°.

プロキオンが南中する3月のよいには, ふたご座のα星・β星のカップルもほとんど天頂ちかくで南中する.

こいぬ座は, 主星α（プロキオン）とβ星（ゴメイザ）以外に, 線で結べる星がない. β星はめだたない3等星だから, ふたごのカップルにくらべるとささやかだが, 南中時にカップルがたてに2組並ぶのもおもしろい. ふたご座のカップルはいかにもふたごだが, こいぬ座のカップルは光度差が大きいので, 恋人か親子といった感じになる.

この二星, プロキオンにイヌのオシリ, β星にイヌの顔を想像すると, かわいいコイヌがえがけるわけだが, α・βの二星しかないので, そのままイヌの姿をはめると胴長のダックスフントになってしまう.

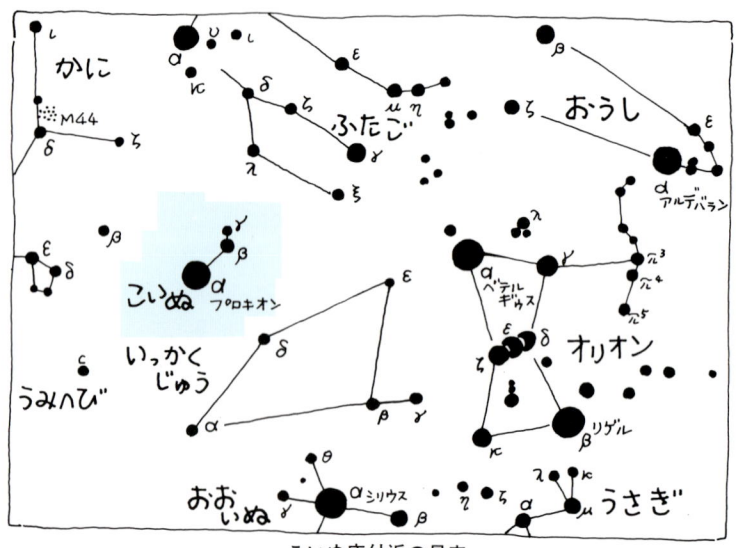

こいぬ座の日周運動

こいぬ座付近の星座

こいぬ座を見るには（表対照）

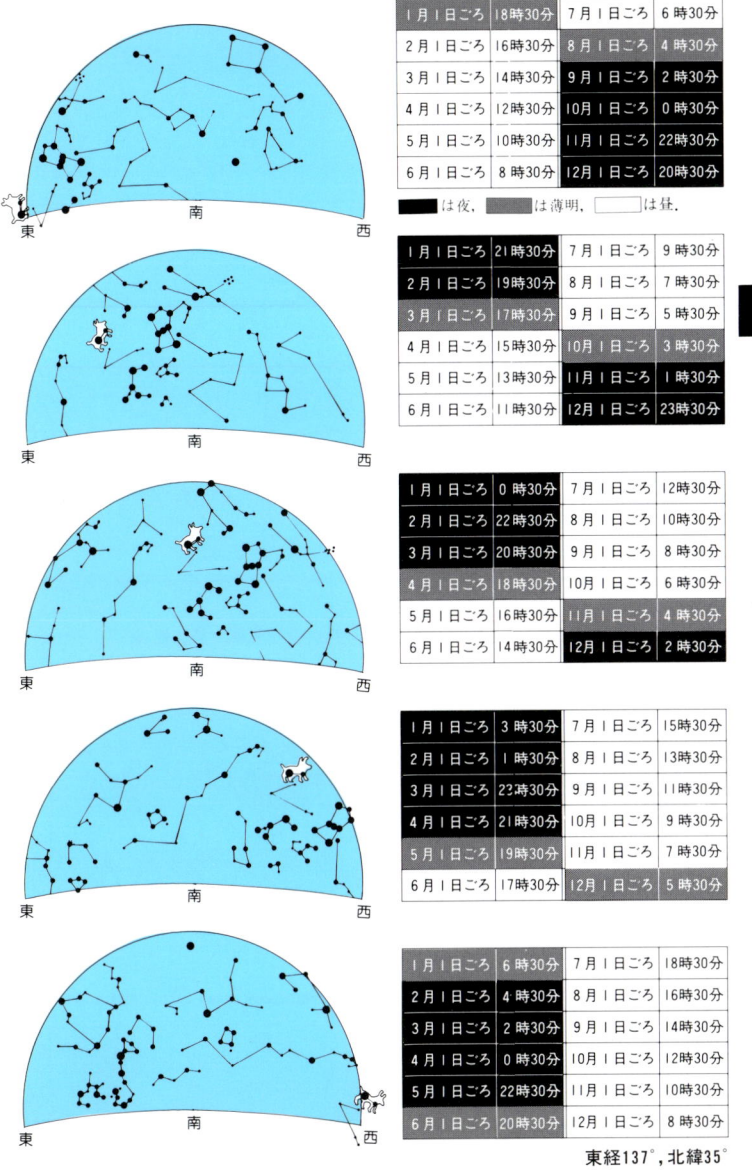

1月1日ごろ	18時30分	7月1日ごろ	6時30分
2月1日ごろ	16時30分	8月1日ごろ	4時30分
3月1日ごろ	14時30分	9月1日ごろ	2時30分
4月1日ごろ	12時30分	10月1日ごろ	0時30分
5月1日ごろ	10時30分	11月1日ごろ	22時30分
6月1日ごろ	8時30分	12月1日ごろ	20時30分

■は夜，▨は薄明，□は昼．

1月1日ごろ	21時30分	7月1日ごろ	9時30分
2月1日ごろ	19時30分	8月1日ごろ	7時30分
3月1日ごろ	17時30分	9月1日ごろ	5時30分
4月1日ごろ	15時30分	10月1日ごろ	3時30分
5月1日ごろ	13時30分	11月1日ごろ	1時30分
6月1日ごろ	11時30分	12月1日ごろ	23時30分

1月1日ごろ	0時30分	7月1日ごろ	12時30分
2月1日ごろ	22時30分	8月1日ごろ	10時30分
3月1日ごろ	20時30分	9月1日ごろ	8時30分
4月1日ごろ	18時30分	10月1日ごろ	6時30分
5月1日ごろ	16時30分	11月1日ごろ	4時30分
6月1日ごろ	14時30分	12月1日ごろ	2時30分

1月1日ごろ	3時30分	7月1日ごろ	15時30分
2月1日ごろ	1時30分	8月1日ごろ	13時30分
3月1日ごろ	23時30分	9月1日ごろ	11時30分
4月1日ごろ	21時30分	10月1日ごろ	9時30分
5月1日ごろ	19時30分	11月1日ごろ	7時30分
6月1日ごろ	17時30分	12月1日ごろ	5時30分

1月1日ごろ	6時30分	7月1日ごろ	18時30分
2月1日ごろ	4時30分	8月1日ごろ	16時30分
3月1日ごろ	2時30分	9月1日ごろ	14時30分
4月1日ごろ	0時30分	10月1日ごろ	12時30分
5月1日ごろ	22時30分	11月1日ごろ	10時30分
6月1日ごろ	20時30分	12月1日ごろ	8時30分

東経137°，北緯35°

こいぬ座の歴史

こいぬ座の主星プロキオンが,古くから注目された星であることはまちがいないが,星を結んでイヌをえがくことはむずかしく,おおいぬ座と対照させたものと考えられる.いまからおよそ3000年くらい昔のフェニキアかエジプト,あるいはギリシャあたりで生まれたのだろう.

古代バビロニアでは,このあたりに弓矢を想像したらしく,シリウスはその矢をあらわした.プロキオンもまたシリウス共々弓矢の一部をあらわしたのかもしれない.

エジプト時代,毎年シリウスが日の出と共にのぼるころ,ナイル川が氾濫した.プロキオンはそのシリウスがのぼるすこし前に地平線から顔を出すので,シリウスの前ぶれの星として注目されたらしい.プロキオンのプロは前,キオンは犬,つまり犬の星(シリウス)の前にのぼる星という意味をもつ.

"イヌの前ぶれの星"が,いつのまにか"イヌの前をいくイヌの星"に変じたのだろう.

いずれにしても古い星座で,プトレマイオスの48星座に名を連ねている.

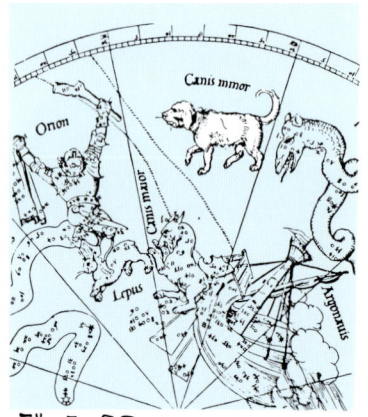

デューラー星図のこいぬ座

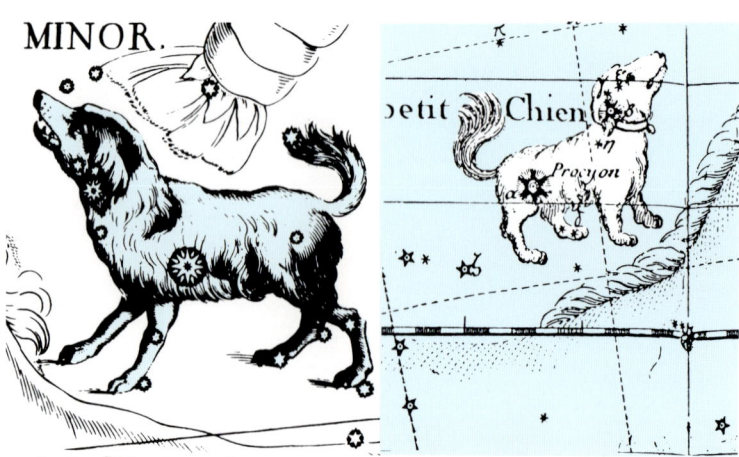

ヘベリウス星図のこいぬ座

フラムスチード星図のこいぬ座

こいぬ座の星と名前

✱ α アルファ
プロキオン（イヌの前）

プロキオン Procyon は，おおいぬ座のシリウスのすこし前に，東の地平線からのぼることから，イヌの星の前の星という意味をもつ．

プロはプレオリンピックのプレ，キオンはイヌのことだ．

イヌの前の星は，ここにコイヌの姿をえがくと，なんとイヌのオシリの星になってしまう．

シリウスと共に美しい白色に輝くので，日本に"いろしろ"という呼名があった．

すこし南のシリウスは"みなみのいろしろ"と呼ばれたが，冬の三角星は二つのイロシロと，もうひとつのイロアカ（ベテルギウス）でできている．

< 0.5等　F5型 >

✱ β ベータ
ゴメイザ（涙ぐむ目）

なんとすばらしい呼名だろうか．明るい主星プロキオンにくらべると，光度3等のβ星がまたたくようすは，まさに寒空に母親をもとめて涙ぐむ子犬の目である．

双眼鏡か，あなたのするどい目をこらしたら，しょぼつかせた目（β）の上に，かわいいコイヌの耳（γ，ε）がみつかるだろう．

こいぬ座のα，βのカップルは，すこし北にあるふたご座のカップルと対比させてみるとおもしろい．

< 3.1等　B8型 >

一足先にのぼる　こいぬ座のプロキオン

こいぬ座の伝説

● 星になったアクタイオンの猟犬

シカ狩りの名人アクタイオンは，毎日仲間といっしょに，50頭のイヌをつれて森の中をかけめぐった元気のいい若者であった．

ある日，いつものようにシカ狩りにでた真昼どきのことだった．「もう今日の獲物はこれで十分だろう．また明日続きをやることにしよう」といって，アクタイオンたちはわかれた．

一人になったアクタイオンは，これといった目的もなく，ただ運命に導かれるまま歩いて，いつのまにか山の奥の女神アルテミスの谷へやってきてしまった．

狩りと月の女神アルテミスは，狩りにつかれると，いつもこの谷の奥にある泉で，そのけがれのない体を休めるのだった．

アルテミスはいつも何人かのニンフ Nymphe（ニュンペェ）を連れているので，水浴びのときは，一人のニンフが女神の着物をぬがせ，もう一人のニンフは女神の弓矢の手いれを，さらにもう一人のニンフは女神のはきものをぬがせるのだ．四人目のニンフは女神の髪を結い，他のニンフたちは，女神の美しいからだを洗うための水を泉から汲みあげた．

さて，こうしていつものように女神が化粧をしているところへ，アクタイオンがあらわれた．

アクタイオンの姿を見て驚いたニ

狩りにでるアルテミス（ルーブル美術館蔵）

ンフたちは，悲鳴をあげてアルテミスの方へ駆け寄った．そして，自分たちの体で女神の裸をかくそうとした．

しかし，背の高いアルテミスの姿のすべてを，かくすことはできなかった．

アクタイオンは，瞬間，太陽の光をいっぱいうけて，輝くばかりに美しいアルテミスの裸体にみとれて立ちすくんだ．

不意をつかれたアルテミスは，すぐ手もとの弓矢をさがしたが，おもうようにならず，とっさに水浴につ

かった水を両手ですくって，アクタイオンの顔にむけてあびせながら「いいか，この私の裸を見たといって，みんなにいいふらせるものなら，そうしてみるがいい！」と叫んだ．

そのヒステリックな声を聞いたアクタイオンの頭から，なんと二本の鹿の角があらわれた．それはみるみる内にのびて，アクタイオン自身はもちろん，女神のニンフたちも驚いて，その不思議なできごとに目をみはった．

やがて，首も足も顔も耳も長くのびて，両手も細い足にかわった．そして，全身は毛皮におおわれ，叫ぼうにもその声は言葉にならなくなった．

恐ろしくなって駆けだしたアクタイオンは自分の足の速さにおどろくほどだった．森の奥ふかく逃げこんだアクタイオンは，小さな水たまりで水を飲もうとして，水にうつった自分の姿をみてしまった．

意識はすこしもかわっていないのに，姿はすっかりシカになっているのだ．どうしたらいいのか，いい知恵もうかんでこない．この姿で帰っても友だちは自分を認めてくれないだろうし，このまま森の中でくらすのは恐ろしい．アクタイオンの叫び声は，シカのうめき声となって森の中へこだました．

この声を聞きつけた彼の猟犬たちがあつまってきた．もちろん，彼をおそうためにだ．

アクタイオンは必死で逃げたが猟犬たちはたくみに彼を追いつめるのだ．そのテクニックは彼がそのように猟犬たちに教えたことなのだ．「おれが主人だっ！」と叫ぶのだが，その声は猟犬たちをますますハッスルさせることにしかならなかった．自分の犬たちに咬みつかれ，からだ

アクタイオンを射るアルテミス（壺絵・ボストン美術館蔵）

を引きさかれて、やがて命をうばわれるまで、女神アルテミスの怒りはとけなかったという.

獲物を倒して、勝ちほこったように胸をはる猟犬たちは、主人アクタイオンが目の前に倒れていることには、もちろん気づかず、いつものように主人がやってくるのを待った.

女神は、この猟犬の一頭を天に上げて星にした.

星になった猟犬は、いまもなお主人アクタイオンを待つのだ.

(ギリシャ)

*

ところで、主人をかみ殺したイヌが星座になったにしては、こいぬ座の印象はかわいらしすぎて迫力に欠ける.

実はこいぬ座には決め手となる伝説はないのだ.

狩人オリオンのあとにつづく二頭の猟犬（おおいぬ座、こいぬ座）とみるのがもっともふさわしいようにおもう.

アクタイオンの猟犬と、星のこいぬ座を結びつけるには、この話を少々かえてみる必要がある.

●涙ぐむコイヌ

昔、アクタイオンという青年がいた. 彼はシカ狩りの名人といわれたが、いつもかわいがっていた猟犬が一頭いた.

狩りにでるとき、彼はその猟犬を一頭だけつれて出るのが常だった. 猟犬は彼の心のすみずみまで読みとれるのではないか、と思えるほどアクタイオンの意のままに動いた.

ある日、いつものようにシカを追って森の奥ふかくにはいったとき、彼は泉で水浴びをする美しいニンフたちにであった. そして、その中の一人、ひときわ美しい女性の裸身が、アクタイオンの目と心を釘づけにした.

美しいはずだ、彼女はニンフをしたがえてシカ狩りにやってきた月と狩猟の女神アルテミスだった.

アルテミスは、だれよりも強い羞恥心をもつ処女神であった.

自分の裸をみつめるアクタイオンに気がついた女神は、はずかしさに全身をまっかにそめて、両手で泉の水をすくって、何度もアクタイオンめがけてはねかけた.

しかし、アクタイオンはアルテミスの魅力にすっかり理性を失っていた. おもわず駆けよって、いやがる女神の裸身をだきしめてしまった.

アルテミスはヒステリックに大声で叫んだ.

「私の裸をみたといって、いいふらすがよかろう. 私の裸をだいたと大声でふれあるくがいいっ！」

女神をだきしめるアクタイオンの腕は、みるまに細いシカの足にかわった. そして、全身は斑点のある毛皮におおわれてしまった.

女神はアクタイオンがきらいでは

なかったが，あまりに不意なできごとに，彼女の強い羞恥心がそうさせたのだろう．

シカになったアクタイオンは，腕をさしのべて助けを乞おうにも，腕は前足に変じてそれもできず，「助けてほしい」と叫んでも，それは声にもならない．惨めな自分におもわずこぼした涙は，勇敢で気品のある若者の顔とはまるでちがうケモノの顔の上を流れて落ちた．

驚いたのは猟犬である．気がつくと，となりにいた主人がいなくなってシカがいるではないか．猟犬は涙を流したシカを襲うべきか，どうすべきかをまよってしまった．

アクタイオンはみにくい自分を恥じて，女神からも，猟犬からも逃げたいと思った．アクタイオンは自分でも驚くほど速く走った．岩をとびこえ，草むらを駆けぬけたが，猟犬は忠実に彼のあとを追った．いくら走っても自分の猟犬から姿をかくすことはできないと悟ったアクタイオンは，とうとう川に身を投げてしまった．

アクタイオンのシカは，沈んだまま姿をみせなかった．

猟犬は，いつまでもいつまでも川岸からたちさろうとしなかった．雨が降っても，風が吹いても，やがて，雪が舞う季節になっても，犬はアクタイオンが帰ってくるのを待ちつづけた．

何日も何日も待ちつづけた猟犬はとうとう川のほとりで死んでしまった．

一部始終をみていた大神ゼウスは，いじらしい猟犬をあわれにおもい，天にあげて星にした．そして「もう待たなくていいよ」とやさしくいいきかせた．

しかし，星になった猟犬には，その言葉がよく理解できなかったのだろうか．目にいっぱい涙をためて，それでも懸命にしっぽをふって，いまもアクタイオンの帰りをまっている．

＊

アクタイオンの猟犬は，冬の天の川の岸辺でこいぬ座になった．

光度3等のβ星がしょぼしょぼとまたたくようすは，目に涙をためたコイヌの目に，また光度1等のα星がみせる元気のいいまたたきは，コイヌが一生懸命しっぽをふっているようにみえてかわいい．

β星の固有名ゴメイザ（涙ぐむひとみ）は，この星のイメージにふさわしい，というより，この星にこれ以上の固有名は考えられない．

9 いっかくじゅう座 (日本名)

MONOCEROS モノケロス (学名)

いっかくじゅう座の みりょく

夢をみるならモノケロスの夢をみるといい．

ロバのからだに，カモシカの足をもち，シシのしっぽと，ひたいにネジリ飴のような角が一本あって，あごにはヤギのひげがはえている…とまあ奇妙な動物である．

モノケロスMonocerosをモノコロスと読んで，鬼のようなモノスゴイ動物と勘違いした人もいるが，実はモノはモノでもモノすごいのモノでなく，モノレールのモノで，単数をあらわしているわけ．

モノケロスは角(つの)が一本ある動物という意味になる．名付けて"一角獣(いっかくじゅう)座"．

「これはおもしろい」と，動物図鑑を調べてもでてこない架空の動物である．夢の中にでてきて幸福をはこんでくるインド産のかわいい動物でモノケロスの夢をみた人は，かならず幸せになるというすばらしい心のペットだ．

いっかくじゅう座 Monoceros は，冬の大三角の中にある．オリオンとおおいぬ，こいぬに囲まれてごきげんのようである．

いっかくじゅう座自身は，最輝星が光度3.9等のβ星なのだから，まるでつかみどころがない，まるで夢のような星座である．

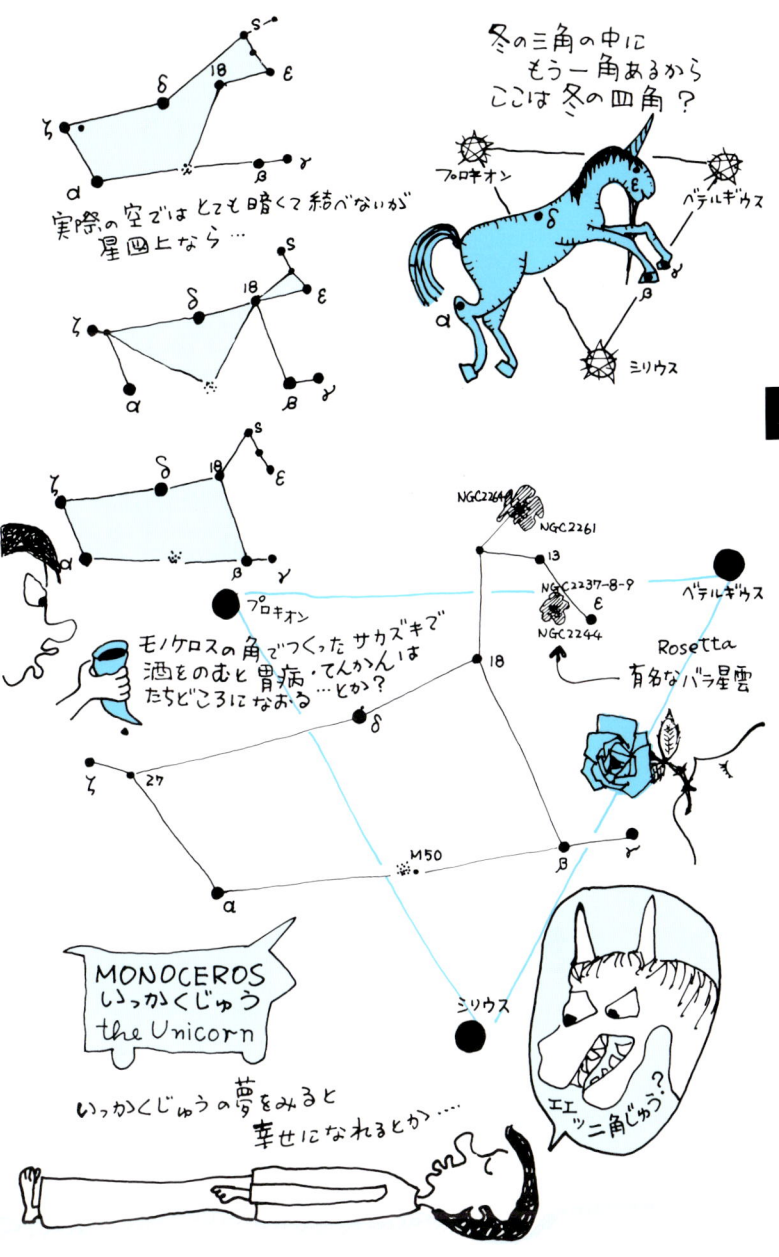

冬の三角の中に
もう一角あるから
ここは 冬の四角?

実際の空ではとても暗くて結べないが
星図上なら…

MONOCEROS
いっかくじゅう
the Unicorn

モノケロスの角でつくったサカズキで
酒をのむと胃病・てんかんは
たちどころになおる…とか?

Rosetta
有名なバラ星雲

いっかくじゅうの夢をみると
幸せになれるとか……

エエッ二角じゅう?

いっかくじゅう座の みつけかた

冬の三角星（ベテルギウスとプロキオンとシリウス）の中にイッカクジュウ（一角獣）がいる．だから，冬の三角星をさがして，その中にイッカクジュウを想像してほしい．

残念ながら，この星座は星を結んで一本角の動物をえがくことができない．すべて4等星以下という暗い星ばかりなので，もしあなたが都会の空でさがしたら，まったく星のないイッカクジュウがみつかる？にちがいない．いかにも夢にでる動物らしい星座である．

冬の三角星は一辺約25°のほとんど正三角形．冬の三角星は12月の宵に東の地平線上に姿をあらわし，2月から3月にかけての宵に南中する．

「三角のなかにもう一角あるから，本当は冬の四角星？ではないか」という声もある冬の三角星である．

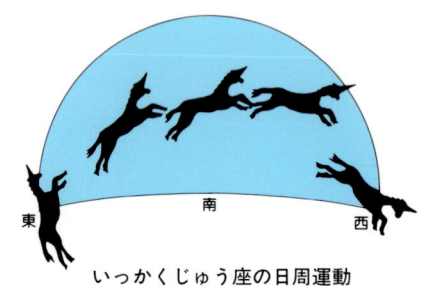

いっかくじゅう座の日周運動

いっかくじゅう座付近の星座

いっかくじゅう座を見るには（表対照）

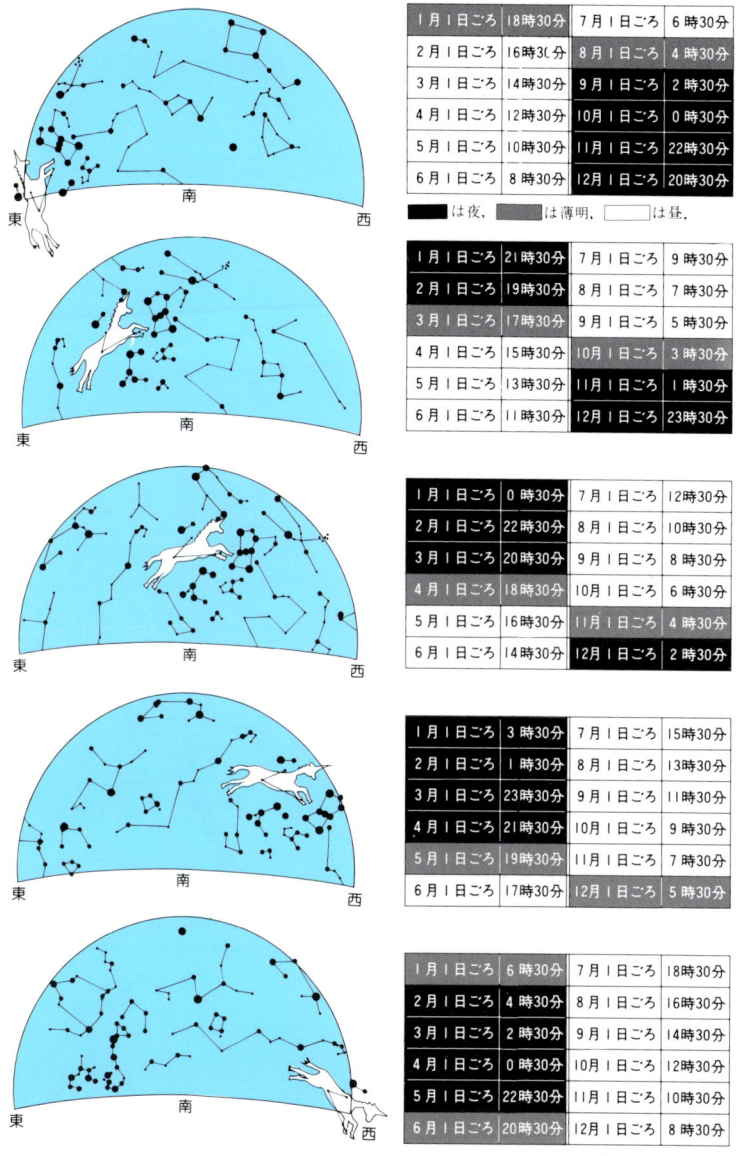

1月1日ごろ	18時30分	7月1日ごろ	6時30分
2月1日ごろ	16時30分	8月1日ごろ	4時30分
3月1日ごろ	14時30分	9月1日ごろ	2時30分
4月1日ごろ	12時30分	10月1日ごろ	0時30分
5月1日ごろ	10時30分	11月1日ごろ	22時30分
6月1日ごろ	8時30分	12月1日ごろ	20時30分

■は夜，■は薄明，□は昼．

1月1日ごろ	21時30分	7月1日ごろ	9時30分
2月1日ごろ	19時30分	8月1日ごろ	7時30分
3月1日ごろ	17時30分	9月1日ごろ	5時30分
4月1日ごろ	15時30分	10月1日ごろ	3時30分
5月1日ごろ	13時30分	11月1日ごろ	1時30分
6月1日ごろ	11時30分	12月1日ごろ	23時30分

1月1日ごろ	0時30分	7月1日ごろ	12時30分
2月1日ごろ	22時30分	8月1日ごろ	10時30分
3月1日ごろ	20時30分	9月1日ごろ	8時30分
4月1日ごろ	18時30分	10月1日ごろ	6時30分
5月1日ごろ	16時30分	11月1日ごろ	4時30分
6月1日ごろ	14時30分	12月1日ごろ	2時30分

1月1日ごろ	3時30分	7月1日ごろ	15時30分
2月1日ごろ	1時30分	8月1日ごろ	13時30分
3月1日ごろ	23時30分	9月1日ごろ	11時30分
4月1日ごろ	21時30分	10月1日ごろ	9時30分
5月1日ごろ	19時30分	11月1日ごろ	7時30分
6月1日ごろ	17時30分	12月1日ごろ	5時30分

1月1日ごろ	6時30分	7月1日ごろ	18時30分
2月1日ごろ	4時30分	8月1日ごろ	16時30分
3月1日ごろ	2時30分	9月1日ごろ	14時30分
4月1日ごろ	0時30分	10月1日ごろ	12時30分
5月1日ごろ	22時30分	11月1日ごろ	10時30分
6月1日ごろ	20時30分	12月1日ごろ	8時30分

東経137°，北緯35°

いっかくじゅう座の歴史

ディズニーの映画「ファンタジア」の中に登場して、ベートーベンのシンフォニーNo.6「田園」のリズムにのって、楽しそうにとびはねる可愛い一角獣の姿をおもいだす人も多いだろう。

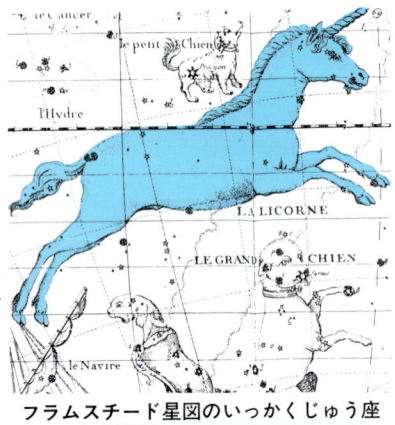

ユニコンUnicornは、モノケロスの英名。いっかくじゅう座は、1624年にドイツのバルチウスBartschiusが新設した当時、ユニコルヌ Unicornuと呼ばれた。

昔、ユニコンをテーマにした映画をみたことがある。

一人の不幸な少年に、夢をもたせようと、まわりの善意の大人たちがロバだったか、ヤギだったかに、私の記憶も少々あやしいが、ツノを一本無理やりくっつけて、ユニコンにしたてようと努力するといった、涙あり笑いありの心温まる物語であった。

フラムスチード星図のいっかくじゅう座

ヘベリウス星図のいっかくじゅう座（逆版）

「宝石あそび」タピスリー

水位
河川、湖沼の水位のこと
この水位をはかって
洪水の予報をする。

四瀆（しとく）
四つの大河のこと、
独立した源流をもって
海にそそぐ河
（済河、黄河、
淮河、長江）

中国の星空 こいぬ座
南河
南の関所
α プロキオン
β ゴメイザ

闕丘（けっきゅう）
宮城の門の両側にある丘
見張り台になったり、掲示板
をおいたりした

中国の星空 いっかくじゅう座

いっかくじゅう座の星と名前

✱ α アルファ

　冬の三角星の中に輝星はないが，ここは天の川のまっただなかなので双眼鏡でみると無数の星が点在していて，実ににぎやかなところだ．
　ここでイッカクジュウをえがくには，4等星以下の星に目をこらさなければならない．
　α星は後足，β星・γ星が前足，δ星が首，ε星と13番星は顔，そしてζ星をしっぽにみたててはどうだろう．
　その気になって，かなりがんばってたどらないとイッカクジュウの姿は発見できない．うまくつかまえられたら，伝説どおりイッカクジュウがあなたに幸せを運んでくるにちがいない．

< 4.1等　　K0型　>

✱ β ベータ

　この星は有名な天文学者ウイリアム・ハーシェルに「もっとも美しい星」といわせた三重星．ただし，すくなくとも口径6cm以上の天体望遠鏡が必要だ．
三重星β（A・B・C）
AB 5.0等—5.5等　角距離7″.4(1935年)
BC 5.5等—6.0等　角距離2″.7(1935年)
< 4.6等　　B3型　>

✱ γ ガンマ

　イッカクジュウの前足．
< 4.1等　　K2型　>

✱ δ デルタ

　イッカクジュウの首．
< 4.1等　　A0型　>

✱ ε エプシロン

　13番星（4.5等）は頭，そしてε星はイッカクジュウの鼻面に輝く．ε星のすぐ東どなりに有名なバラ星雲がある．
< 4.5等　　A6型　>

✱ ζ ゼータ

　イッカクジュウのしっぽ．
< 4.4等　　G6型　>

いっかくじゅう座の 見どころガイド

✳ M50は イッカクジュウのへそ?

もしイッカクジュウがえがけるなら，ちょうどオナカの下のへそのあたりに，かわいい散開星団M50がある．

δ星がわかれば，δ星とおおいぬ座のシリウスを結んで，その中間あたりに目をこらしてみよう．星がきれいにみえる夜なら，目のいい人には肉眼でもボンヤリと位置の確認はできるはずだ．δ星がみつからないときは，シリウスとこいぬ座のプロキオンを結んで，ややシリウスより

に双眼鏡を向けてみることだ．小さな球状星団のようにみえるM50（NGC2323）がみつかるだろう．

＜**M50** 散開星団 6.9等 視直径15′×20′ 距離2950光年＞

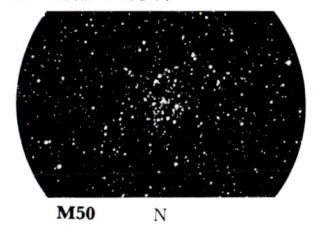

M50　　N

✳ バラ星雲は カメラをつかって

一見ポッカリぬけたようにみえる冬の大三角形だが，月のない暗夜に目をこらすと微光星がびっしりひしめいている．ここは冬の天の川の中

うすぼんやりひろがっているのが バラ星雲

いっかくじゅう座

α ベテルギウス

三つ星　オリオン座

α シリウス

おおいぬ座　β　κ　M42

β リゲル

だから当然だが，双眼鏡をつかうといくつかの星雲や星団もみえてくるはずだ．

いっかくじゅう座に数ある星雲・星団の中で，もっとも多くの人に親しまれているのは，"バラ星雲"というニックネームで知られる散光星雲NGC2237-9だろう．

カラー写真では，まるでバラの花のようにひろがった赤い散光星雲の姿が実に美しく，まさに"ロゼッタ Rosetta（バラ星雲）"の名にふさわしい．

中心部分に散開星団NGC2244があって，そのまわりに直径約1°（月の視直径は0.5°）の大きくひろがった赤いバラの花である．

バラの花言葉は"愛"だそうだ．恋人の誕生日に，この冬の夜空の赤バラを贈ってはいかがだろう．

双眼鏡でなら，NGC2244の明るい数個が，ポチポチと二つずつ並んでいるのがみられ，そのまわりになんとなくぼんやりと淡い光がつつむようすが感じられる．

このあたりは，これからいくつもいくつも新しい星が生まれるだろう．中心部にみられるNGC2244の星々は，すべて誕生して間もない新しい星々だと考えられる．

オリオン座のベテルギウスからε星をみつけて，すぐ東をさがしたらいい．もちろん非常に淡く，明るくなった都会の空では，どうあがいても認めることはできない．

空気のすんだ田舎の空では，肉眼で認められるという人もある．暗夜に，愛しあう二人が星空にバラの花をさがすというのも，ロマンチックでわるくないと思うが，いかがだろう？

どうしても認められなかったら，カメラと高感度カラーフィルムをつかって，つかまえることをおすすめしたい．本格的な天体写真でみるようなみごとな姿をのぞまなければ，固定カメラ撮影法でもその姿を認めることはできるはずだ．

ところで，本格的な天体写真でみるバラ星雲は，花びらと花びらの間に，暗くて小さな粒々が，金魚のふんのように連なっているのがみとめられる．

これはガス星雲が特に濃く密集した部分で，いうなれば"星のたまご"？なのだ．このような原始星をグロビュールというが，グロビュールはさらに自分の重力で収縮して，ある一定限度以上の質量（太陽質量の数%ていど）をもったものは，やがて中心部は，水素の熱核融合反応の点火に必要な温度に達し，原子力で輝く一人前の恒星として誕生するのだ．

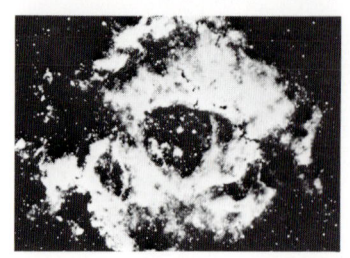

パロマ天文台撮影のみごとなバラ星雲

●星座絵のある星図●

めずらしい ケプラーの星図

ケプラーJohannes Kepler（1571—1630）が1606年に発行した「へびつかい座の新しい星Stella Nova…」につかわれた星図がある．

ケプラーは，惑星の運動法則を発見したことで有名なドイツの天文学者である．デンマークの天文学者ティコ・ブラエの助手になったので，恩師の残した膨大な観測記録を整理して"ケプラーの三法則"をまとめあげることができた，という話は多くの人に知られている．しかし，ケプラーの星図が，初めて「アンティノウス座」を「わし座」から独立させたことを知る人は少ないだろう．

アンティノウス座は，ローマ皇帝ハドリアヌスが2世紀ごろ新設した星座だが，プトレマイオスの48星座にその名を連ねることができず，しばらく忘れられていた．それがなぜか16世紀になってから復活させようとする人があらわれた．メルカトールやバイエル，ティコ・ブラエもその一人だったが，いずれも"わし座"との関係はあいまいであった．

大天文学者ケプラーがせっかく復活させてくれたのに，この美少年星座は19世紀になって再び姿を消してしまった．ケプラーの威光も星座にまではおよばなかったようだ．

さすがの美少年も人々の心の中で年老いてしまったのだろう．

ケプラーの発見（1604年）した超新星（Super Nova）は，へびつかい座のξ星のすぐ東（約2°）どなりにあらわれた．

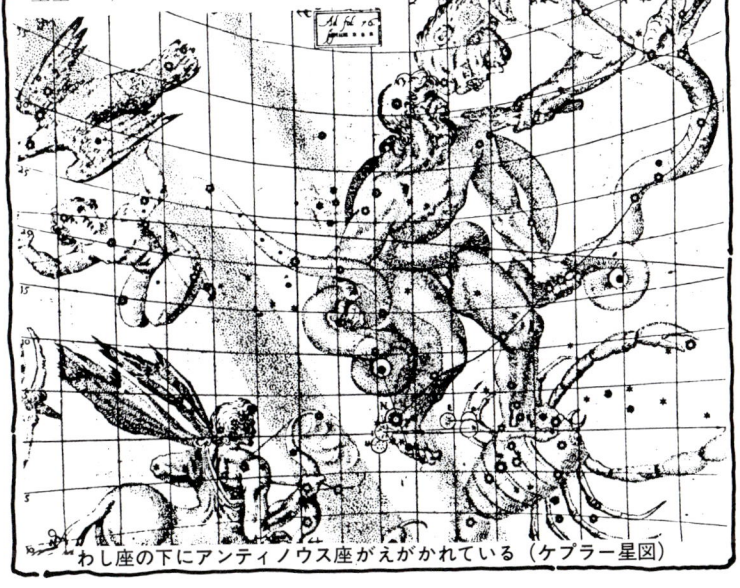

わし座の下にアンティノウス座がえがかれている（ケプラー星図）

10 おおいぬ座 (日本名)

CANIS MAJOR
カニス マヨル (学名)

おおいぬ座の みりょく

　狩人オリオンが二匹の猟犬をつれて東からのぼると，本格的な冬がやってくる．

　オオイヌもコイヌも，"イヌは風の子，雪の子"といったようすで，冬の寒さにひるむどころか，冷たい風がうれしくてたまらないといったふうに激しくまたたきあう．

　おおいぬ座はシリウス，こいぬ座はプロキオン，どちらも主星αが星座を代表している．"あおぼし"とか"しろぼし"と呼ばれた2星の青白い輝きは，冬の夜をいっそう冷たく感じさせるだろう．

　全天一の明るさをほこるシリウスの研ぎすまされた輝きから，キーン，キーンと，突きささるようなかん高い金属音が聞こえてくる．それは，牙をむきだして獲物にせまる猟犬の鋭い叫び声のようでもある．

　オオイヌに追われてとびだしたウサギが，オリオンの足の下をひっ死で逃げる．

　オリオンとコイヌの後からのぼったオオイヌは，コイヌはもちろん，主人オリオンよりもはやく，ウサギを追って西に沈む．

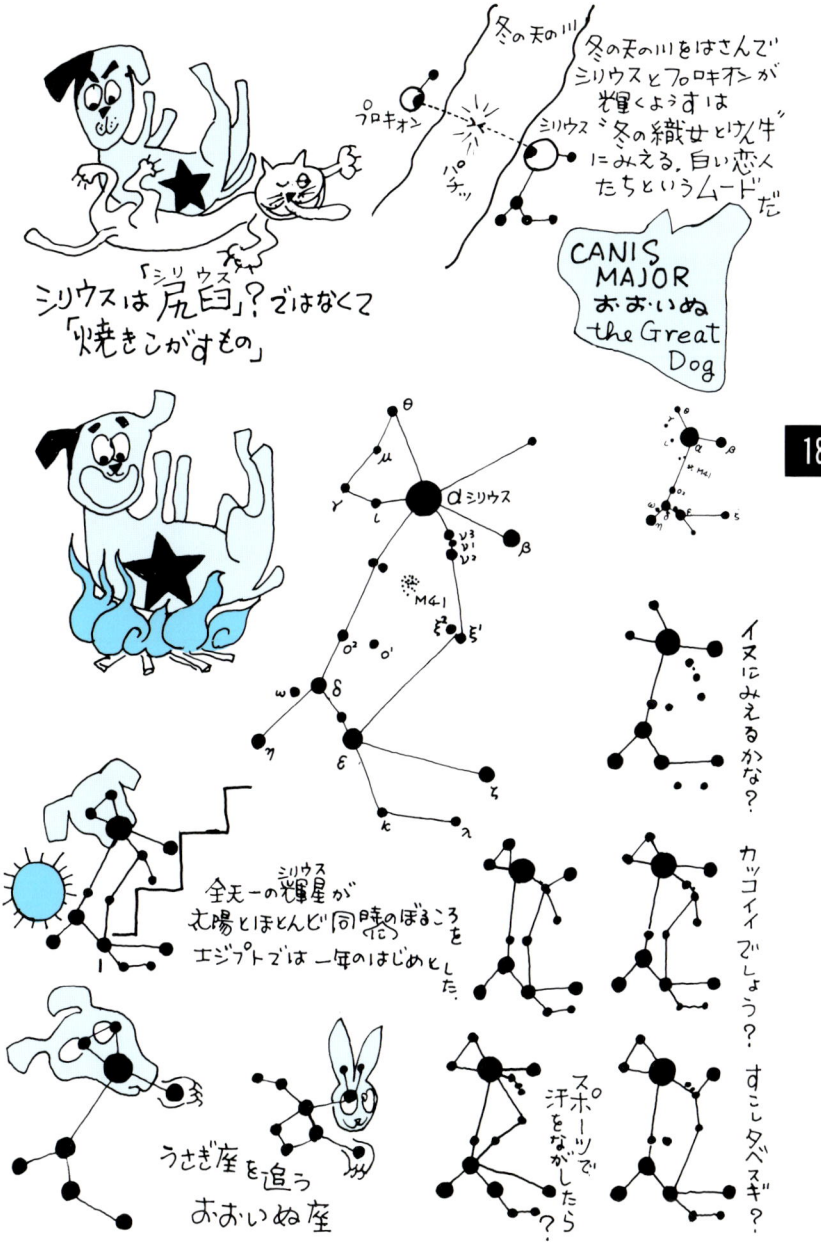

冬の天の川をはさんで
シリウスとプロキオンが
輝くようすは
"冬の織女とけん牛"
にみえる。白い恋人
たちというムードだ

冬の天の川
プロキオン
パチッ
シリウス

シリウスは「尻臼(シリウス)」?ではなくて
「焼きこがすもの」

CANIS MAJOR
おおいぬ
the Great Dog

α シリウス
M41

全天一の輝星(シリウス)が
太陽とほとんど同時にのぼるころを
エジプトでは一年のはじめとした。

うさぎ座を追う
おおいぬ座

イヌにみえるかな？ カッコイイでしょう？.. すこしタベスギ？.. スポーツで汗をながしたら？.

おおいぬ座・とも座の星々

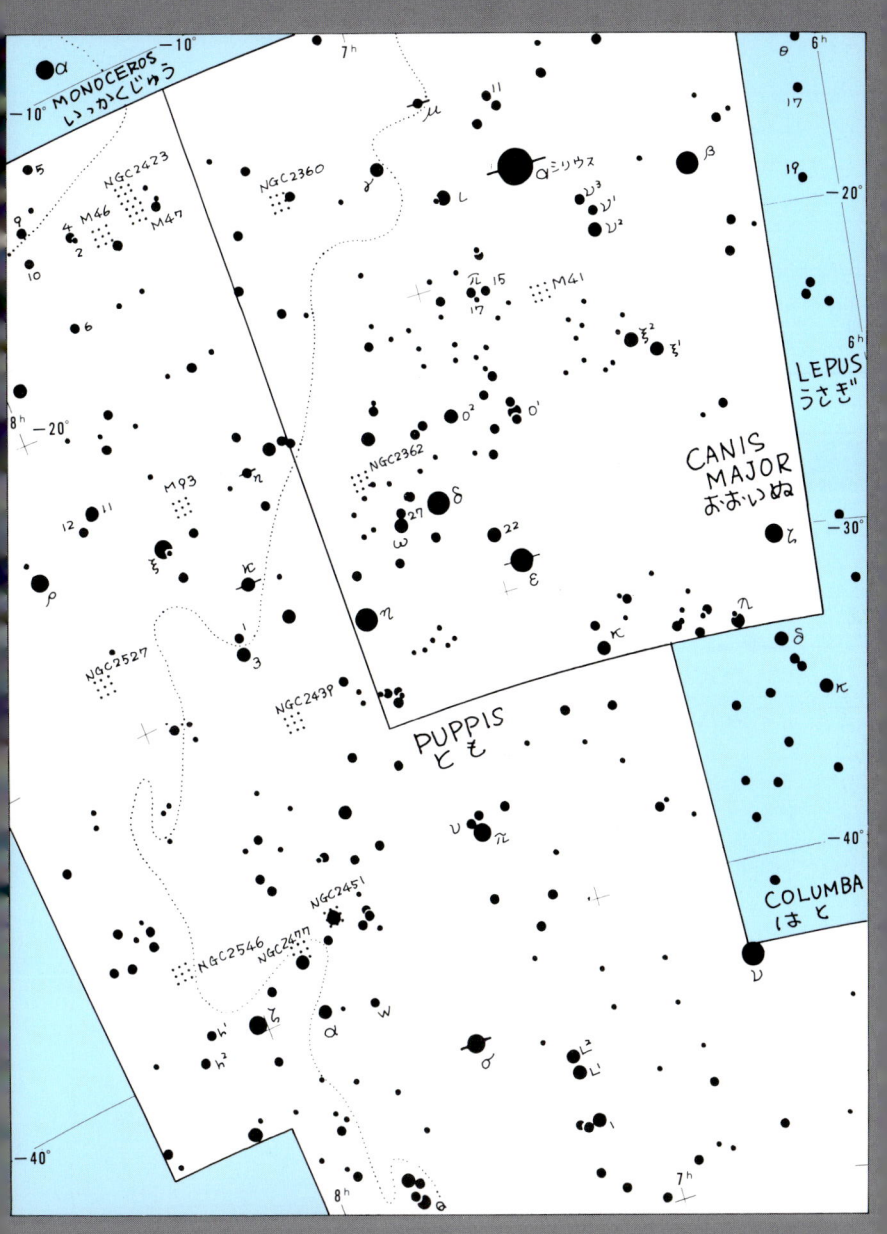

おおいぬ座・とも座の星図

おおいぬ座の みつけかた

　おおいぬ座は，主星α（シリウス）としっぽ付近の直角三角形がみつかればいい．

　オリオン座がわかる人は，三つ星を南東へのばすと，約30度さきに青白いシリウスが簡単にみつかる．直角三角形はシリウスの約10°南にある．

　全天一の輝星シリウスが主星なので，みつけるのはやさしい．冬の宵空でもっとも明るい星をさがす，という方法でもみつけられる．

　α，γ，θでできる三角を犬の顔にして，α—βは前足，α—ο—δを背中，δ—ε—ζは後足，そして，δ—ηのしっぽをくっつけると，オリオンのあとを追うオオイヌの姿をえがくことができる．

　おおいぬ座のα星（シリウス）と，オリオン座のα星（ベテルギウス）と，こいぬ座のα星（プロキオン）でつくる冬の大三角は，冬の天の川をまたいでいる．もちろん，シリウスは，三つの中でもっとも明るい．

おおいぬ座・とも座 の日周運動

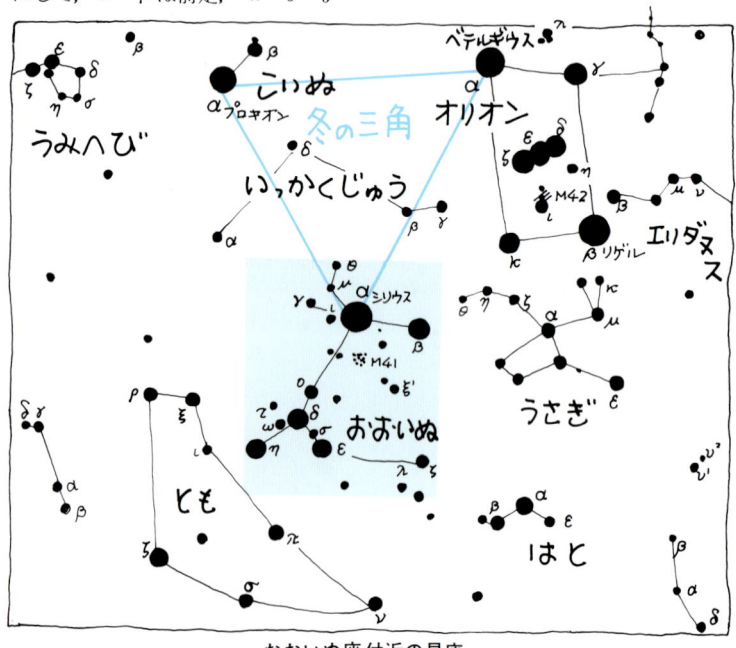

おおいぬ座付近の星座

おおいぬ座を見るには（表対照）

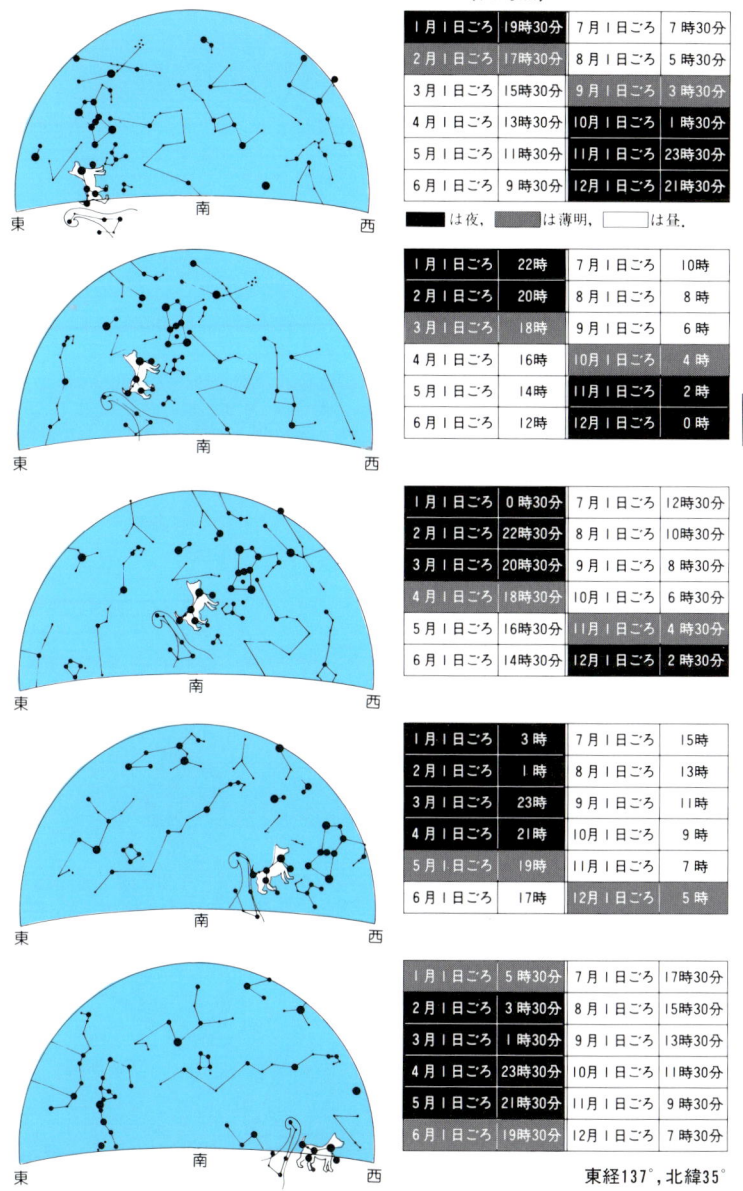

1月1日ごろ	19時30分	7月1日ごろ	7時30分
2月1日ごろ	17時30分	8月1日ごろ	5時30分
3月1日ごろ	15時30分	9月1日ごろ	3時30分
4月1日ごろ	13時30分	10月1日ごろ	1時30分
5月1日ごろ	11時30分	11月1日ごろ	23時30分
6月1日ごろ	9時30分	12月1日ごろ	21時30分

■は夜，▨は薄明，□は昼．

1月1日ごろ	22時	7月1日ごろ	10時
2月1日ごろ	20時	8月1日ごろ	8時
3月1日ごろ	18時	9月1日ごろ	6時
4月1日ごろ	16時	10月1日ごろ	4時
5月1日ごろ	14時	11月1日ごろ	2時
6月1日ごろ	12時	12月1日ごろ	0時

1月1日ごろ	0時30分	7月1日ごろ	12時30分
2月1日ごろ	22時30分	8月1日ごろ	10時30分
3月1日ごろ	20時30分	9月1日ごろ	8時30分
4月1日ごろ	18時30分	10月1日ごろ	6時30分
5月1日ごろ	16時30分	11月1日ごろ	4時30分
6月1日ごろ	14時30分	12月1日ごろ	2時30分

1月1日ごろ	3時	7月1日ごろ	15時
2月1日ごろ	1時	8月1日ごろ	13時
3月1日ごろ	23時	9月1日ごろ	11時
4月1日ごろ	21時	10月1日ごろ	9時
5月1日ごろ	19時	11月1日ごろ	7時
6月1日ごろ	17時	12月1日ごろ	5時

1月1日ごろ	5時30分	7月1日ごろ	17時30分
2月1日ごろ	3時30分	8月1日ごろ	15時30分
3月1日ごろ	1時30分	9月1日ごろ	13時30分
4月1日ごろ	23時30分	10月1日ごろ	11時30分
5月1日ごろ	21時30分	11月1日ごろ	9時30分
6月1日ごろ	19時30分	12月1日ごろ	7時30分

東経137°，北緯35°

おおいぬ座の歴史

おおいぬ座はギリシャ時代以前にはなかったようだ．ギリシャ時代に主星シリウスをイヌにみたてキオン（キュオン）と呼んだことが，このあたりを"おおいぬ座"とすることになったのだろう．

おおいぬ座のシリウスは，そのみごとな輝きのせいで，かなり古くから注目された星であった．

古代バビロニア時代には，とも座付近の星と共に弓をえがき，シリウスとδ星を結んだ矢をつがえた．

おもしろいのは，中国でもここに「弧矢（こし）」といって弓と矢をえがいたことだ．シリウスは獲物のオオカミであった．

古代エジプトでは，シリウスは季節を知らせる大切な星であった．

エジプト時代（BC3000年ごろ）には，日の出の直前にシリウスがのぼってくるのをみて年の初めとしたという．シリウス暦は1年を365日とした太陽暦である．

ローマ帝国のシーザーは，エジプト遠征のおり，季節のくるわないこの暦を知って，不完全なローマ暦を改良することにした．ユリウス暦はエジプトの太陽暦を参考にしてつくられた．

シリウスが日の出と共にのぼるころ（Heliacal Rising），毎年ナイル川が増水して氾濫したという．氾濫は流域一帯の人々にとってはありがたい灌漑であり，死者の復活の希望のしるしでもあったわけで，エジプトの人々の生活はナイルの氾濫で始まったといえる．

エジプトの神々の中で，太陽神アトンと，五穀豊饒の神で，死者の復活をつかさどる神でもあるオシリスの二人の神が代表格．

ナイルの氾濫はこの二人の神によってしくまれたものだろう．シリウスは山犬の姿をした死者の守護神アヌビスと呼ばれた．アヌビス神は，太陽神アトンと共にのぼって復活の希望を人々に知らせるのだ．

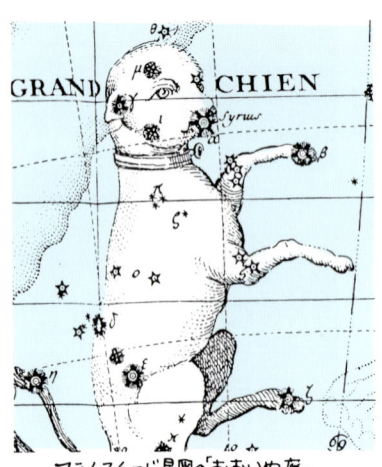

フラムスチード星図の「おおいぬ座」

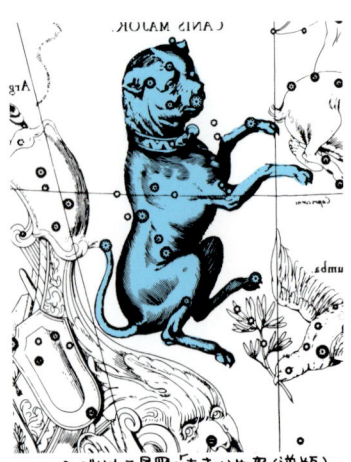

ヘベリウス星図のおおいぬ座（逆版）

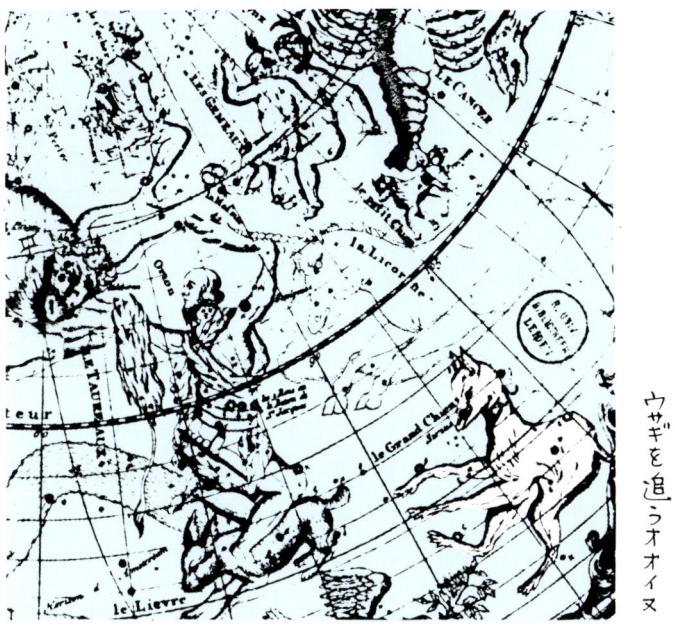

ピエール・ルクラーク星図(1772)の「おおいぬ座」

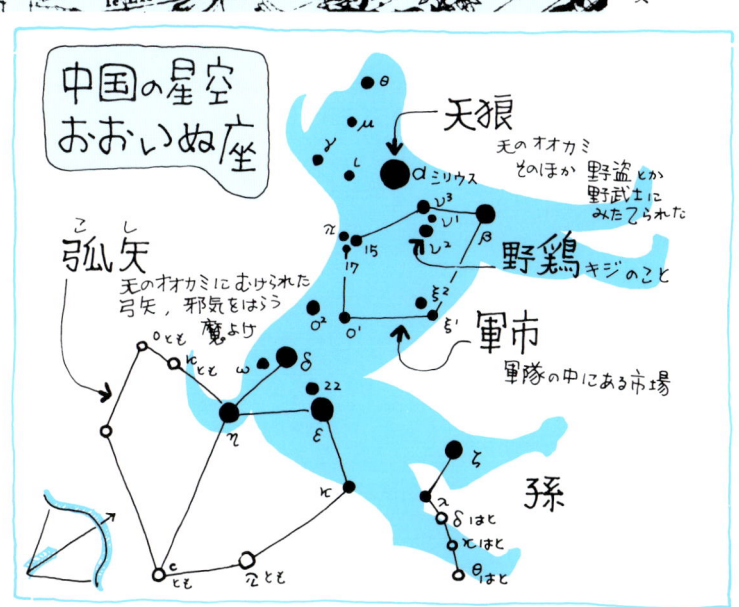

ウサギを追うオオイヌ

中国の星空 おおいぬ座

天狼 — 天のオオカミ
そのほか 野盗 とか 野武士に みたてられた

野鶏 キジのこと

軍市 軍隊の中にある市場

弧矢 天のオオカミにむけられた 弓矢、邪気をはらう 魔よけ

孫

おおいぬ座の星と名前

＊α アルファ
シリウス
（やきこがすもの）

まばゆいほどのシリウスの光輝き

シリウスと聞いて「オオイヌのオシリに輝く星かな？」とかんちがいしないでほしい。シリウス Sirius は"焼きこがすもの"というすさまじい名前なのだ。ギリシャ語のセイリオス（輝くもの）からきたのだともいう。

全天一の最輝星で、この星の輝きが天を焼きこがしそうだ、というのだ。光度 −1.4 等という明るさは、1等星の多い冬の夜空でもひときわ人目をひく。

中国では"天狼（てんろう）"といって天のオオカミを想像した。星座のオオイヌといい、天狼星といい、えものを追う気迫が、この星の輝きに感じられたからだろう。

ヨーロッパでは、真夏の日の出直前にのぼるシリウスをみて、夏あついのはシリウスと太陽が一緒になって照りつけるからだと、7月から8月のなかばまでを"Dog day 犬の日"と呼んで厄ばらいをしたという。

炎暑のため、草木が枯れたり病気がはやるのは、シリウスのせいだともいう。

オオイヌの頭に輝いて、おおいぬ座を代表するシリウスは、"ドッグ・スター（犬の星）"と呼ばれることもある。すでにギリシャ時代に、この星はキオン（イヌの星）と呼ばれ、この星より先にのぼるこいぬ座のα星をプロキオン（イヌの前）と名付けた。

日本では"あおぼし（青星）""おおぼし（大星）"、プロキオンの"いろしろ"に対して、"みなみのいろしろ（南の色白）"、この星がでると雪が降るから"ゆきぼし（雪星）"などがある。

"えのぐぼし（絵の具星）"というのもおもしろい。カペラの"にじぼし"と同じで、またたきながら色がかわるのをみたのだろう。

青白く輝くシリウスが、昔、赤く輝いたらしいという説がある。

古代バビロニア、あるいは、古代ローマ時代の古記録に、シリウスを赤い星と表現しているものがあるからだ。

中国で「天狼（シリウス）が、夜血を流すと盗賊がでる」といって、シリウスの色がわりを恐れたともいう。

今から2000年〜5000年前、はたしてシリウスは本当に赤い星だったのだろうか？

シリウス自身が、進化の過程で2000年前に赤色星であったことはまず考えられないが、シリウスの伴星が、ひょっとしたら当時赤色巨星だったのかも？という説がある。そして、赤色巨星がわずか2000年間で白色矮星になることができるとは考えられない、という有力な反対説もあ

よっぱらったシリウス

る.
「昔,"赤い"という言葉と"明るい"という言葉が同一の意味をもって混用されていたので,古記録の赤いという表現は,実は明るいという意味だったのでは？ 天狼が血をはくのは"虹星"や"絵の具星"と同じで,空気中で分光された色をみたのだろう…」という斉藤国治氏の説に軍配があがるような気がする.

< -1.4等　A1型 >

* β ベータ
# ミルザム (ほえるもの)

シリウスの前にのぼるオオイヌの前足にあたる星.
シリウス様のお通りを告げる"つゆはらい"の役をおおせつかったのだろう．耳をすませると「下にーい 下にっ」とかん高いβ星の声が聞こえそうだ.

犬の星シリウスの前にあるので,犬の吠える声にみたてたのだろう.
ミルザム Mirzam は"イヌの先触れ星"といった意味なのだ.
中国ではこの星を"野鶏（やけい）"と呼んだ.
天狼（シリウス）が野鶏を追う様子を想像したのだろう.

< 2.0等　B1型 >

* γ ガンマ
# ムリフェイン (？)

α—γ—θ の三角がイヌの頭にみえないだろうか？ γ星とθ星はイヌの耳にあたる.

< 4.1等　B8型 >

✴ δ デルタ
ウェゼン（おもり）

ウェゼン Wezen とか，ウェズン，あるいは，ワズンと呼ばれる星がいくつかあるが，いずれも南の地平線ちかくで，いかにも重そうにのぼるからだ．

δ星は，シリウスがのぼった後から，ウンウンいいながらいかにも大儀そうにのぼる．

ちょうどオオイヌのオシリで輝くので，南中時のシリウスの下でぶらさがる．

<　2.0等　　G3型　　>

✴ ε エプシロン
アダラ（乙女たち）

アダラ Adara は，δ星，ε星，η星の三星を三人の乙女にみたてた呼名らしい．

この三星，δ星とη星はオオイヌのオシリとシッポ，ε星は後足のつけ根に輝く．

日本では三星がつくる三角を"三角星"と呼んだ．三つの2等星がつくる三角形は意外によくめだつ．

三角を屋根の形にみたて"くらのむね（倉の棟）"とか"やかたぼし（屋形星）"という呼名もある．"くらかけぼし（鞍掛け星）"も同じ意味からだろう．馬の鞍を掛けておく台の形を想像したのだ．

中国ではこの付近を"弧矢"といって，天狼をねらう弓と矢をえがいた．

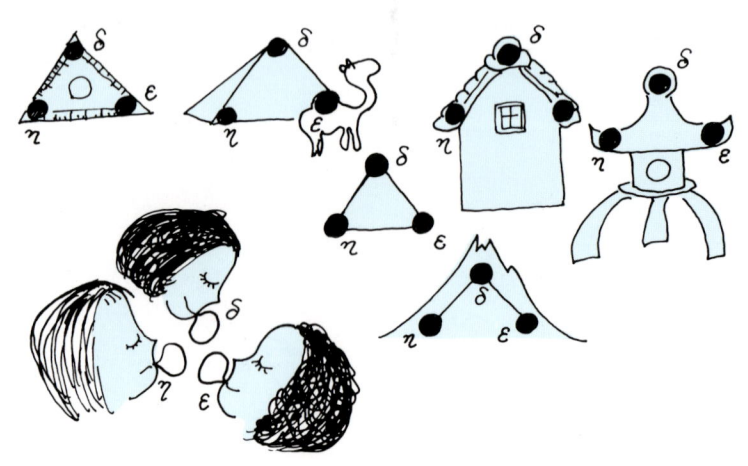

<　1.6等　　B1型　　>

*ζ ゼータ
フルド (輝く一つ)

フルド Furud は，クルド Kurud（サルたち）があやまってつかわれたという説もある．犬猿の仲というのに，イヌの星座になぜサルがいるのかわからない．

おおいぬ座の中のζ星は，オオイヌの後足の先に輝いている．イヌに追われて逃げるサルといったふうにも見える．

< 3.1等　B5型 >

*η エータ
アルドラ (乙女)

アルドラ Aludra は，ε星のアダラ Adara の一人称．

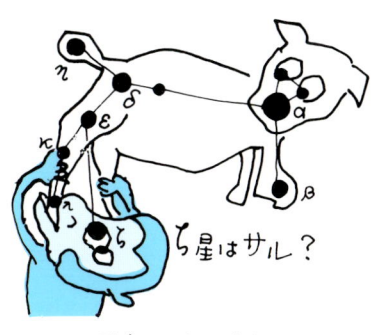

ζ星はサル？

この乙女，かわいそうにおおいぬ座の中では，イヌのシッポの先にある．乙女というより"しっぽ星"と呼びたい星なのである．

< 2.4等　B5型 >

*θ シータ

γ星と共に犬の耳に輝く．

< 4.3等　K4型 >

おおいぬ座

おおいぬ座の伝説

オオイヌは，かりうどオリオンの猟犬で，オリオンの足もとにいるウサギを追っている，という見かたが一般的だが，その他に，地獄の番犬ケルベルスの姿だとか，月の女神アルテミスの猟犬でアクタイオンをかみ殺したライラプス，あるいは，女神アルテミスの侍女プロクリスの猟犬レラプスだともいわれる．

これほど目立つ星座なのに，きめ手になる伝説をもたない不思議な星座だ．

● 獲物をかならずとらえる不思議な猟犬物語

ケファロスという美しい青年がいた．

彼は曙の女神エオス（ローマ神話のアウロラ）にさらわれて愛されたが，それはながく続かなかった．ケファロスは浮気な女神エオスをすててアッティカに帰ってしまった．そして，エレクテウス王の娘プロクリスと結婚した．

これを知った女神は，たいへん怒って「きっとその内おもいしらせてやる」といきまいた．

女神ののろいは，ケファロスの心をゆさぶった．ケファロスはやがて妻プロクリスが浮気をしているのではないかと疑い始めた．

とうとう二人は仲たがいをして，妻プロクリスはクレタ島のミノス王のところへ身をよせた．しかし，後悔したケファロスが彼女のあと追ってクレタ島へやってくると，プロクリスの心もやわらいだ．

仲なおりをして国へ帰るとき，ミノス王はプロクリスに，獲物をかならずとらえる猟犬レラプスと，投げればかならず命中する槍をあたえた．プロクリスはそれを仲なおりの記念に夫ケファロスに贈った．

なにものにも捕えられない運命をもった大ギツネがあらわれて国中があらされたとき，かならず獲物を捕える猟犬レラプスがさしむけられた．両者の運命の対決は永遠に終りそうになかった．天の大神ゼウスはキツネもイヌも共に石にして解決した．石になった猟犬レラプスはのちに天にあがって星になったという．

しかし，女神エオスののろいは，今度は妻プロクリスにむけられた．プロクリスは，夫の心がしばしば雲の精ネペレや，そよ風の精アウラに向けられているらしいという召使いのつげ口を信じて，すっかりケファロスを疑ってしまった．

　ある日，狩りにでた夫のあとをつけて，それをたしかめようとしたが，ケファロスは，草むらにひそむ妻を獣とまちがえて槍を投げつけた．

　槍は妻プロクリスの胸をつき，彼女の命をうばった．　（ギリシヤ）

シッカルド星図のおおいぬ座

話題★ ★シリウスB発見物語

●白色の小人の星

　1844年のことだ．
　ドイツの天文学者ベッセルは，シリウスの謎めいた動きが連星によるものではないかと考えた．
　シリウスの固有運動に，50年周期でくりかえす奇妙なヨロメキが発見されたのだが，ベッセルは，その原因をシリウスの近くにいる非常に魅惑的な恋人が，彼を引っぱっているからだと推定したのだ．
　ところが，その恋人は声(？)はすれども姿は見えず，その後18年間その正体をみせなかった．
　1862年，謎の恋人は，やっと，しかも偶然にみつかった．
　アメリカの有名な望遠鏡製作者アルバン・クラークがその発見者なのだが，アルバンがシリウスに望遠鏡を向けたのは偶然であった．
　彼は自分の磨いた望遠鏡レンズの星像テストをするために，たまたまシリウスをえらんだにすぎなかったのだ．

　シリウスのすぐかたわらに小さな光点がみつかったのだが，おそらく，最初は自分のレンズの欠陥によるものと，かんちがいをしたのではないだろうか．実はそれはベッセルが18年前に予言したかわいい幻の恋人だった．
　一生懸命にさがしたとき見つけられなかった星が，アルバンによって簡単にみつかったのは，アルバンの望遠鏡が優秀であったことはもちろんだが，みかけの離角が大きくなって，発見されやすい条件をそなえていたという偶然も幸いした．
　連星だったシリウスの主星をA，その恋人，つまり伴星をBと呼ぶのだが，Aの光度が-1.4等なのに対して，Bは8.5等というのだから，約1万分の1の明るさしかない．Aのまばゆい輝きのかげにかくれて発見がむずかしいことはいうまでもない．離角が最大（$11''.28$）になるときでも，口径20cm以上の天体望遠鏡の力をかりなければむずかしいだろう．

かわいい恋人は力もちだった

話題★ シリウスB発見物語

Aが太陽の直径の2倍くらいあるのに対して、Bは地球の2倍ていどしかない、ミニ太陽なのだ．

この小さな恋人が、自分の直径の100倍もある大きな彼をよろめかせている、そのものすごい魅力の秘密はいったいなんだろう？

実は、彼女の体重にあった．恋人Bの質量は、ほぼ太陽と同じくらいあるのだ．

1914年、アメリカの天文学者アダムスは、この暗い星が表面温度8000度で、白色に輝く高温星であることを発見した．

質量が太陽と同じで、太陽より高温で輝くのにかかわらず、その光度は太陽よりうんと暗いのは、その星が非常に小さいということだ．現在その直径は太陽の0.016倍（地球の直径の1.7倍）くらいだと推定している．

アダムスの発見は、太陽ほどの星を地球の直径の1.7倍しかない小さなからだに圧縮して閉じこめてしまった、実に驚くべき高密度星をみつけたということだった．

シリウスBの平均密度は1立方センチあたり400キログラム、つまり角砂糖1個が約0.5トンという信じられない高密度星だった．"サンショは小粒でピリッとからい"である．

はたして、そんな高密度（白金の2000倍ちかくもある）な星があるのだろうか？　発見当時はとても一般の人々に認知される星ではなかったが、その後、星の内部構造の秘密が解明されるにしたがって、それは、巨大な質量をもって生まれた恒星の中心核部分が収縮してできた、星の最後の姿だと考えられるようになった．

さて、このたいへんなトランジスタ・グラマーは"白色矮星"と呼ばれることになった．白く輝く小人の星という意味だ．

●アダムスの一石二鳥

1924年、アダムス教授はこの白色矮星の検証をこころみた．

1916年にアインシュタインが発表した一般相対性理論では、重力の強いところでは、弱いところにくらべて時の進度が遅れる．したがって、強い重力の場からでる光は、振動がおくれて波長がわずかにのびるだろう（スペクトル線が赤い方へずれる赤方偏移）と考えられた．

そこでアダムスは、シリウスBの光に重力効果（アインシュタイン効果）による赤方偏移がみられるかどうかを測定しようとしたのだ．

アインシュタイン効果は、星の質量をその半径でわった値に比例して大きくなるので、この重くて小さな星はその点ではもってこいの材料であった．はたして、アダムスはその1年後、みごとその測定に成功した．そして、アインシュタインの相対論で予想する数値とほぼ一致する数値をえたのだ．

アダムスは、白色矮星が実在することと同時に、アインシュタインの一般相対性理論の検証にも成功したので、そのことを「アダムスの一石二鳥」という．

話題★ シリウスB発見物語 ★

●白色矮星のような嫁に……

ところで，この発見物語を，結婚式の花嫁へのはなむけのことばにつかった人がいる．

「かくかくしかじか，かようなしだいでありました．そこで今日ここにめでたく奥様となられたあなたには，この白色わい星のような奥様になっていただきたいと思うのであります．だからといって，体重をうんとふやしてくださいというのではありませんぞ．

一見，輝く夫のかげにかくれて，あなたの存在はめだたないが，実は対等な重力で結ばれている．夫の動きはけっして夫一人の勝手な動きではないのです．その夫の動きを，夫の権威をそこなうことなく自分の手中におさめるという，つまり，夫をかげであやつる白まく？におなりなさい．みかけはあくまで，小さくてかわいい奥様でなくっちゃいけません．いいですか，そもそも男というものはですね……」

さて，当の花嫁が，すなおにはなむけの言葉どおり，かわいい影の実力者になったかどうかはさだかではない．

●白色矮星は老人星か？

白色矮星はその後いくつも発見された．いずれも１立方センチメートルが何トンとか何十トンというたいへんな高密度星なのだが，その正体は，巨星になった星が外層のガスを徐々にはきだして，のこった中心核だけが自分の重さでつぶれてできた星の芯なのだ．

比較的軽い星の場合，陽子・中性子・電子といった素粒子が，これ以上つぶさせまいと重力に抵抗してつり合った状態をつくる（白色矮星）のだが，太陽の４〜８倍の質量がある星の最後は爆発してすべてがガスになって飛びちってしまうし，８倍以上の星は大爆発でまわりのガスをふきとばし，中心核はさらに強力に圧縮されて中性子星となるのだ．

さて，白色矮星は，やがて，赤色矮星になり，そしてついに黒色矮星となって私たちの目の前から姿を消してしまうだろう．

一見，かわいい恋人にみえる白色矮星は，余命いくばくもない老人星だったのだ．

●不思議なカップルとその不思議な事情

それにしても，シリウスは奇妙なカップル（連星）だ．

シリウスAはハンサムで元気のいい若者なのに，手をつなぐ恋人Bが末期をむかえた老人星だったとは，いったいこれはどういうことなのだろうか？

実はこの接近したカップルには，語るも涙の純愛物語があったのだ．

星が誕生するとき，半分以上が近接連星となることがわかっている．

さて，近接連星は共にほとんど同じときに誕生するのだが，質量の差

話題★ ★シリウスB発見物語

がある場合には両者の進化のスピードがちがう．質量の大きい方の進化がはやく，やがて膨張して巨星への道をあゆみはじめるのだが，ここで近接連星の場合は不思議なことがおこるのだ．

重力でつりあっている近接連星はたがいに自分の重力の勢力範囲（ロッシュ限界という）があって，それが一点（内部ラグランジュ点）でつりあっている．

近接連星の一方がロッシュ限界面いっぱいまで膨張すると，それ以上膨張することができず，膨張する分の質量は，内部ラグランジュ点を通過して，となりの星へ流れこんでしまう．

こうして質量移動がおこなわれると，単独星とちがって星の進化は急激に進んで，最後をむかえることになる．

シリウスの場合，おそらく，誕生したときは，Bのほうが質量が大きく明るく輝いて，Aはかわいい伴星だったのだろう．やがてBは巨星への道をたどりはじめるのだが，途中彼は自分のからだの一部をかわいい恋人Aに与えて早々に年老いてしまった．AはBからもらった質量でいま全天一の輝きをほこっている．Aは自分のために先に年老いた恋人Bの悲しい姿に，心を痛めて青ざめた輝きをみせる，といったふうにもみえる．

おもしろいことに，シリウスと天の川をはさんで輝くこいぬ座のプロキオンもまた，シリウスと同じように白色矮星をともなった連星であった．

近接連星は星の進化の加速器といわれる．星の進化をフィルムの早まわしをするように加速してみせてくれるのだから，短い一生しかあたえられていない人間が，星の進化の秘密をのぞくために，なくてはならない貴重なモデルなのだ．

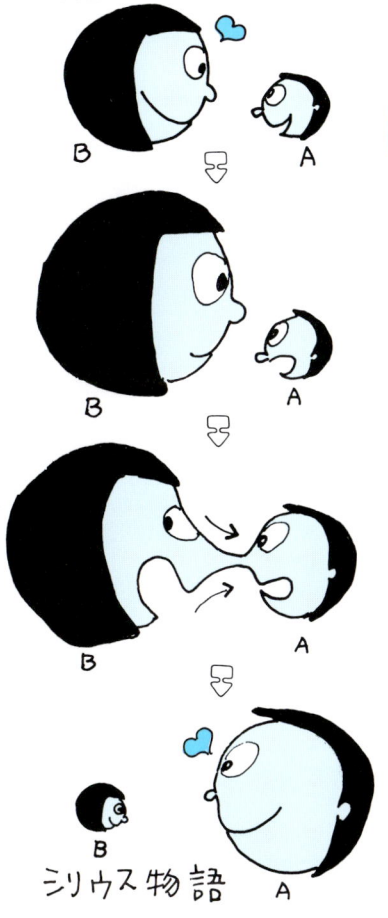

シリウス物語

おおいぬ座の見どころガイド

望遠鏡でみた M41

❋ 肉眼でみえるM41

シリウスの南, 約4°のところに, "夜目にもクッキリ"星雲状の光斑がみとめられる.

双眼鏡で, ボーッとした星雲状に星がむらがる美しい星団がみつかるだろう.

すこしはずれて明るいのは12番星だ.

N

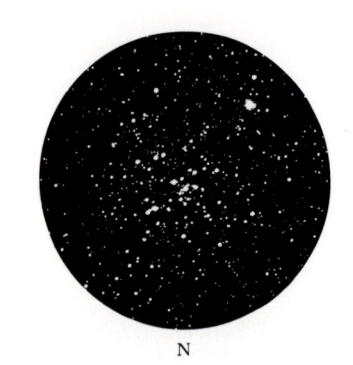

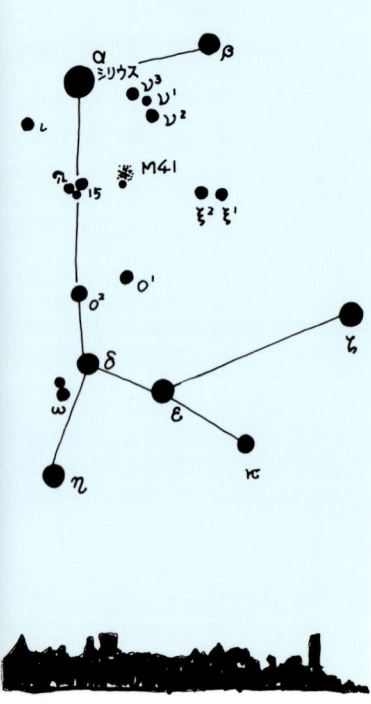

●星座絵のある星図●

ウイーンの天文台長
ヘルの星図

　マクシミリアン・ヘル M. Hell (1720—1792) は，熱心なキリスト教徒で，ヘル神父とも呼ばれた天文学者である．

　オーストリアのウイーン天文台長になったヘルは，1781年に二つの星座を新設した．

　一つは「ジョージの琴座」，もう一つは「ハーシェルの望遠鏡座」である．

　イギリスの天文学者ウイリアム・ハーシェルの業績（1781年3月に天王星を発見）をたたえてつくったハーシェルの望遠鏡座は大小二台が星座になった．天王星を発見したハーシェルは，当時この星に「ジョージの星」と命名した．彼のスポンサーであった王ジョージ三世をたたえたのだろう．

　ヘルの新設星座は，現在どちらも消えてしまった．

ハーシェルの望遠鏡がえがかれたヘルの星図

11 アルゴ座？ ARGO アルゴ

- とも座 PUPPIS プピス
- りゅうこつ座 CARINA カリナ
- らしんばん座 PYXIS ピクシス
- ほ座 VELA ベラ

アルゴ座の みりょく

2月の夜の海は男性的なにおいがする．

ズキズキする底ぶかい寒さと，冬の夜の暗黒の恐怖みたいなものを感じさせるからだ．

太平洋岸では，北の半分を暗黒な雪雲がおおって，時折，風にのった粉雪の大群が海にむかってなだれこむ．雲のきれめに，冬の天の川とぎっしり敷きつめた冬の星座が南半分に顔をだす…といった不気味な光景にであうこともしばしばである．

さて，雲のきれめで南の海上に目をこらすと，難破した巨大な船が一隻，けわしい冬の海にたたかれている．

その名をアルゴ船という．

水平線にちかい星々の，タダゴトではない激しいまたたきは，乗組員たちのあげる悲鳴にも，難破船からの救助信号のようにもとれる．

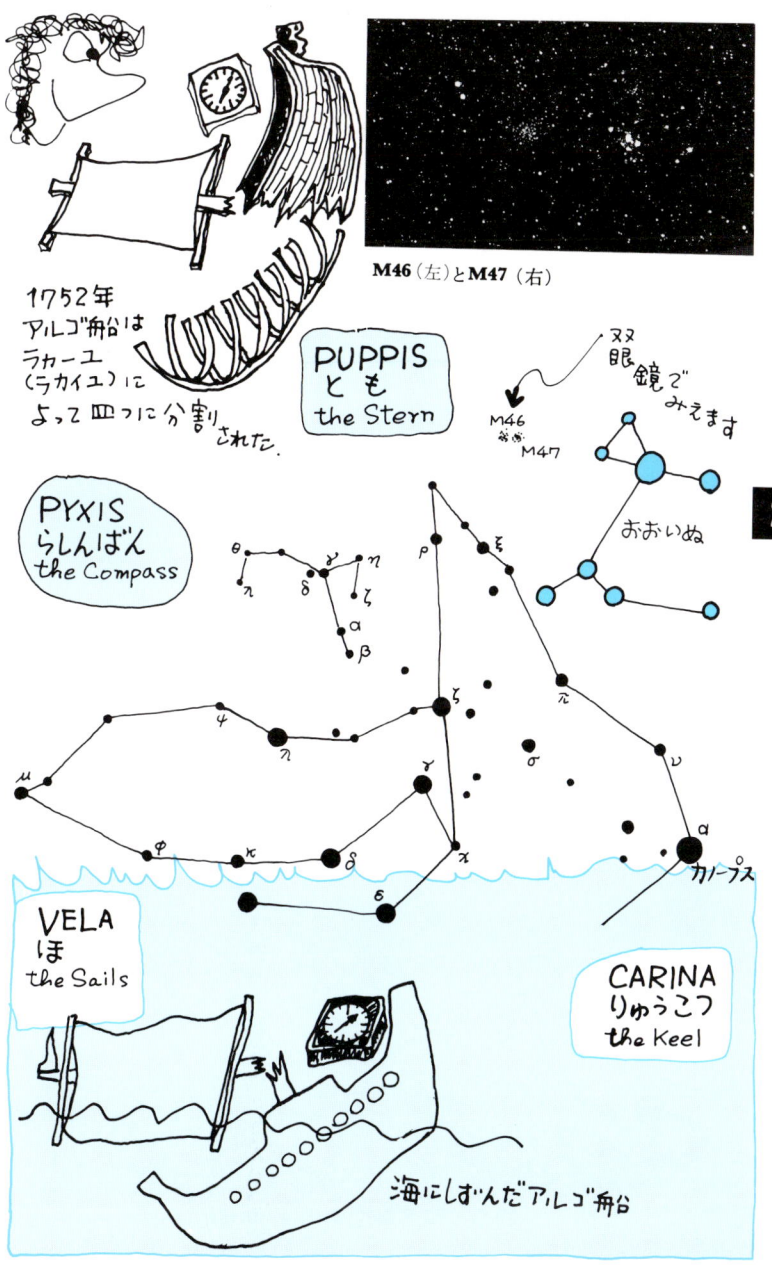

1752年
アルゴ舟は
ラカーユ
(ラカイユ)に
よって四つに分割された.

M46(左)とM47(右)

PUPPIS
とも
the Stern

M46 および M47 ← ヌヌ

眼鏡でみえます

おおいぬ

PYXIS
らしんばん
the Compass

カノープス

VELA
ほ
the Sails

CARINA
りゅうこつ
the Keel

海にしずんだアルゴ舟

209

アルゴ座の みつけかた

●難破船の捜索

4分割されたアルゴ船の解体部品の中で，りゅうこつ座はもっとも低く，大半を海にしずめている．

日本ではほとんど見られない星座なのだが，ありがたいことに，主星α（カノープス）だけは，地平線スレスレに日本のかなりの地域でみつけることができる．日本でみるりゅうこつ座はカノープスをのこして，あとは海中に沈んでしまう．日本のりゅうこつ座のカノープスは，カノープスのりゅうこつ座といえるほど重要な存在なのだ．

さて，このカノープス，光度－0.9等と明るく，－1.4等のシリウスに次ぐ全天第2の白色の輝星なのだが，地平線ちかくで見るので，日本では赤味がかったにぶい輝きになってしまう．

赤緯－52°40′にあるので，北緯35°の土地で，南中高度がたった2°にしかならない．おおいぬ座が南中するころをねらってさがすといい．

おおいぬ座のしっぽの三角（η，δ，ε）を三分割して，西から⅓のところを南へのばした先か，おおいぬ座の前足（β）から後足（ζ）をねらって南へのばした先にある．

竜骨（りゅうこつ）とは，船の骨組のなかでもっとも重要な，あばら骨のくっついた背骨のような部分をいうのだが，船を丸ごとスープ鍋につっこんで，三日三晩グツグツ煮込んだら，あとに残ったのが竜骨だとおもえばいい．

*

星図上のアルゴ船は，船尾（とも座）と，羅針盤（らしんばん座）を

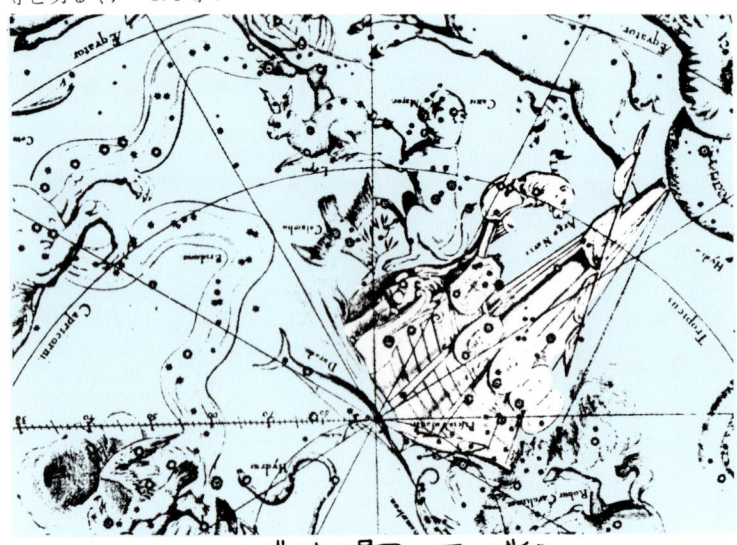

ヘベリウス星図の アルゴ船

かろうじて海上に出して，船首を海中につっこんでいる．当然竜骨はほとんど沈んで，帆(ほ座)は横だおしになって，ちょうど海面にプッカプッカと浮かんでいる感じだ．

とも座は，おおいぬ座の背中(東)から，お尻の下(南)にかけて，ちょうど冬の天の川が，南の地平線にそそぎこむあたりにある．

まとまった星の配列がないので，つい見のがしてしまう星座だ．

天の川の中にあるので，双眼鏡や小天体望遠鏡のある人にとっては，みごとな星団がいくつもみつかる楽しい穴場である．

とも座の東に"らしんばん座"がある．かに座やうみへび座の頭と同時に南中するのだから，どっちかといえば春の星座の仲間に入れるべきだろう．"ほ座"はとも座の下(南)から，さらに東へひろがっている．どちらも，めだつ輝星がなく，なんともつかみどころのない星座だ．

おおいぬ座からたどってみるか，あるいは，あのあたりかなと見当をつける程度にとどめるか，それはあなたしだい．

*

ギリシャ文字をつかったバイエル名は，りゅうこつ座，とも座，ほ座の3星座で，アルファベット24文字をほぼ3分割してつかっている．

どういうわけか，らしんばん座だけは独自に α，β，γ…とバイエル名をもっている．

どうやら，ラカーユがアルゴ座を四分割する以前，つまりバイエルが星図を発表した1603年頃，すでにらしんばん座は独立した星座として認められていたらしい．

実はこのあたり，当時は"ほばしら(帆柱)座 Malus"と呼ばれていたのだ．

ラカーユの星座絵をみると，昔の帆柱が折れて，その根元に羅針盤用の方位盤がえがかれている．その後

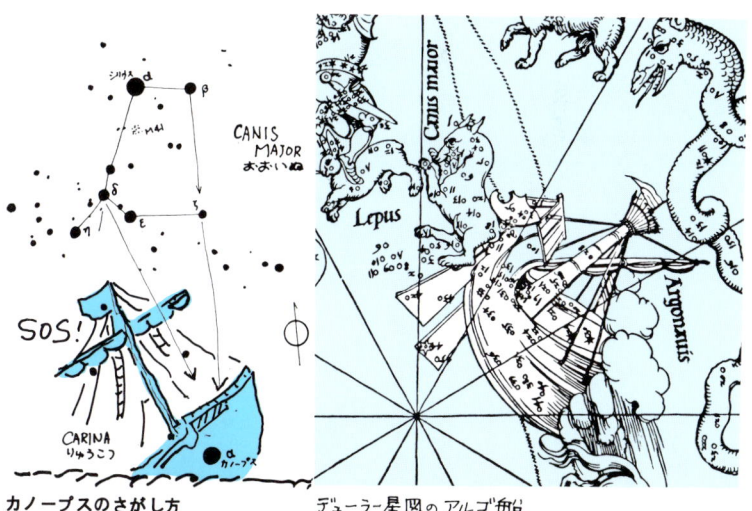

カノープスのさがし方　　　**デューラー星図のアルゴ船**

"ほばしら座"にもどそうとした人もあるが、1930年以後、国際天文連合（I.A.U）でラカーユの"らしんばん座"が正式に採用された．

これといって目だつ星も、目だつ配列もなく、独立にふさわしい区域ともおもえないのだが？

アルゴ座のバイエル（Bayer バイアー）名は、らしんばん座をのぞいて、とも座に ζ, ν, ξ, o, π, ρ, σ, τ, ほ座に γ, δ, κ, λ, μ, φ, りゅうこつ座には α, β, ε, η, θ, ι, υ, χ, ω と、3つにわけられた．

ところで、そのなかから"りゅうこつ座のι星とε星"と"ほ座のκ星とδ星"の4星を十字に結ぶと、天の川のなかに立派な十字星ができるのだ．南十字星より大きい十字星だが、本物の南十字星とまちがえられることもしばしばなので"にせ十字"と呼ばれる．

"南十字星"も"にせ南十字星"も、共に日本から見えないが、船で南へ旅をするとき、この"にせ南十字"が本物より先にあらわれることがある．

「南十字星がでましたよーっ」とにわか勉強の星知識で仲間を感心させて一息つくころ、こんどは本物があらわれる．そこでしかたがないからもう一度「またでましたよーっ」

江戸時代、台湾へ旅をした船頭の天竺徳兵衛は、"大くるす""小くるす"をみて船をすすめたと書きのこした．くるすとはクロスのこと、つまり"小くるす"は南十字星、"大くるす"はにせ十字星のことらしい．

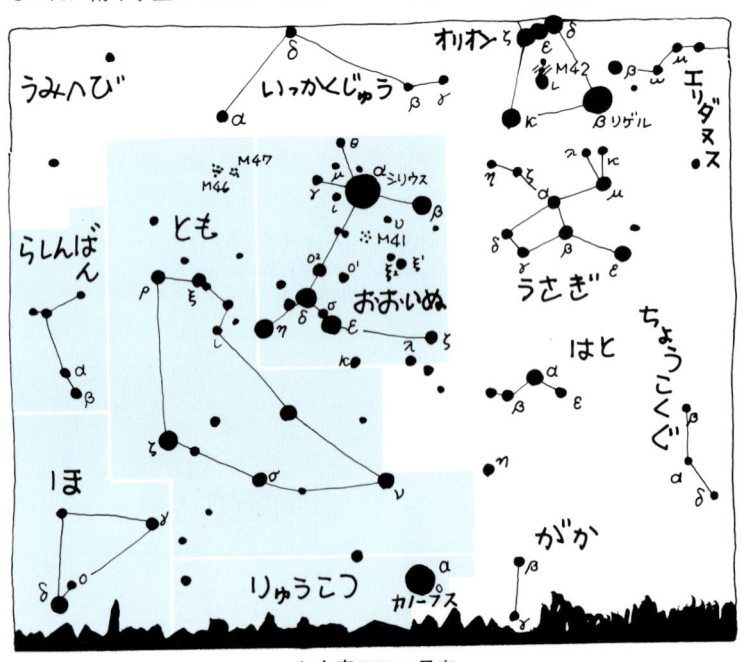

とも座周辺の星座

とも座を見るには（表対照）

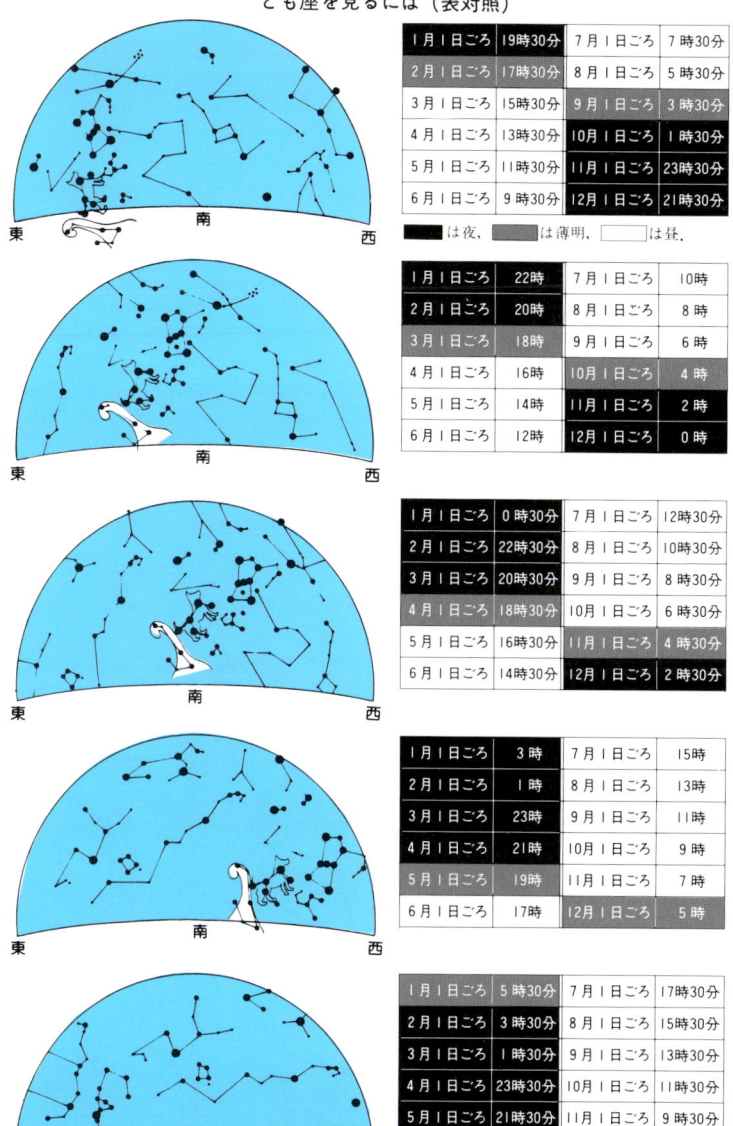

1月1日ごろ	19時30分	7月1日ごろ	7時30分
2月1日ごろ	17時30分	8月1日ごろ	5時30分
3月1日ごろ	15時30分	9月1日ごろ	3時30分
4月1日ごろ	13時30分	10月1日ごろ	1時30分
5月1日ごろ	11時30分	11月1日ごろ	23時30分
6月1日ごろ	9時30分	12月1日ごろ	21時30分

■は夜，▨は薄明，□は昼．

1月1日ごろ	22時	7月1日ごろ	10時
2月1日ごろ	20時	8月1日ごろ	8時
3月1日ごろ	18時	9月1日ごろ	6時
4月1日ごろ	16時	10月1日ごろ	4時
5月1日ごろ	14時	11月1日ごろ	2時
6月1日ごろ	12時	12月1日ごろ	0時

1月1日ごろ	0時30分	7月1日ごろ	12時30分
2月1日ごろ	22時30分	8月1日ごろ	10時30分
3月1日ごろ	20時30分	9月1日ごろ	8時30分
4月1日ごろ	18時30分	10月1日ごろ	6時30分
5月1日ごろ	16時30分	11月1日ごろ	4時30分
6月1日ごろ	14時30分	12月1日ごろ	2時30分

1月1日ごろ	3時	7月1日ごろ	15時
2月1日ごろ	1時	8月1日ごろ	13時
3月1日ごろ	23時	9月1日ごろ	11時
4月1日ごろ	21時	10月1日ごろ	9時
5月1日ごろ	19時	11月1日ごろ	7時
6月1日ごろ	17時	12月1日ごろ	5時

1月1日ごろ	5時30分	7月1日ごろ	17時30分
2月1日ごろ	3時30分	8月1日ごろ	15時30分
3月1日ごろ	1時30分	9月1日ごろ	13時30分
4月1日ごろ	23時30分	10月1日ごろ	11時30分
5月1日ごろ	21時30分	11月1日ごろ	9時30分
6月1日ごろ	19時30分	12月1日ごろ	7時30分

東経137°，北緯35°

アルゴ座の歴史

●解体されたアルゴ船

アルゴ船は,すでに西暦150年頃,ギリシャ(アレキサンドリア)の天文学者プトレマイオスのまとめた48星座の中に含まれている.だから,かなり古くて,老朽化して当然なのかもしれない古典星座である.

アルゴ座は,東西 6^h から 11^h まで,南北は $-10°$ から $-75°$ までという広範囲をしめる巨大星座だった.

船全体が子午線を通過するのに,5時間はたっぷりかかるほど長く,船底は南十字星よりもっと南,ほとんど天の南極に手がとどきそうなほど深い.

1752年,とうとう大きすぎることを理由に,フランスの天文学者ラカーユ(ラカイユ)Lacailleによって,とも座,らしんばん座,ほ座,りゅうこつ座の四つに解体されてしまった.

でかくて使いにくい,わかりにくい,ということだったのだが,いまから考えると,ポンコツあつかいをするのが,少々早すぎたようにもおもえる.

解体部品に興味をもつ人は少ないが,たとえくたびれても,船の形を残しておけば"アルゴ船遠征記"という由緒ある伝説とともに,クラシック船としての価値をみとめる人もかなり多いと思うからだ.

現在,アルゴ(船)座がそっくりそのまま残っていたら,もちろん88星座中最大の星座となる.いま最大のうみへび座の1303平方度に対して,アルゴ座は,なんと1888平方度とずばぬけている.

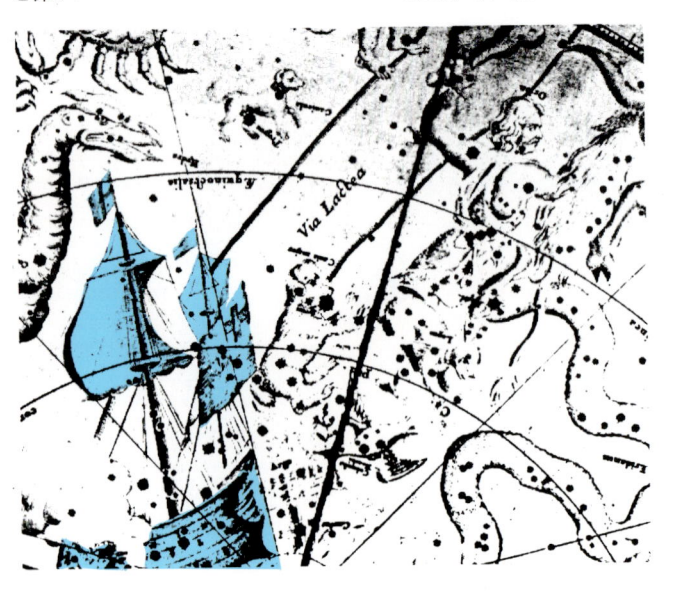

ハレーの星図にえがかれたアルゴ船

解体された4星座は，とも座の673平方度，ほ座の500平方度，らしんばん座の221平方度，りゅうこつ座の494平方度となって，残念ながら，かつての巨船のおもかげはなくなってしまった．

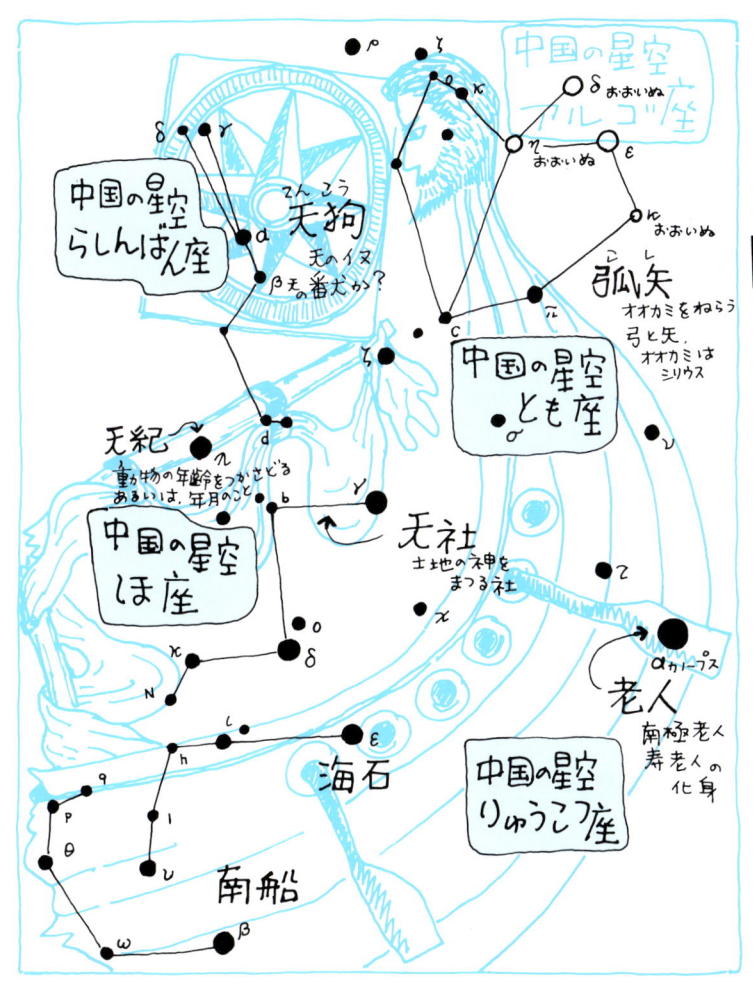

アルゴ座の伝説

●アルゴ船遠征記

アルゴ船は，数あるギリシャ伝説の中の英雄イアソンの冒険物語に登場する．

イアソン（Iason イアーソーン，ヤーソーン）はイオルコス国の王子だが，幼い頃，戻ってくるまでという約束で，異父兄弟の弟ペリアスPeliasに一時王位をゆずり，ケンタウロス族（半人半馬の怪人）の賢者ケイロンCheironの教えをうけるために国を離れた．

ところが，イアソンが立派に成人してもどってくると，ペリアスは急に王位に未練がでて，なかなか返そうとしない．そして，ついに，遠い海のむこうの国コルキスKolchisにいる金毛の羊の毛皮を持ってきてくれたら，それとひきかえに王位を返そうではないかと，勝手のいい一方的な条件をもちだすしまつ．

やむなくイアソンは，50のかいをもつギリシャ最大の巨船をつくらせて，ギリシャ全土から50名の英雄豪傑をつのった．冒険を好む豪傑たちが，このことを聞きつけてぞくぞくあつまってきた．

船をつくったアルゴスArgosの名をとってアルゴ（Argo アルゴー）船と名付けられた．アルゴには速いという意味があるらしい．

アルゴ船をつくるとき，アルゴスはペリオン山からきりだした木材を

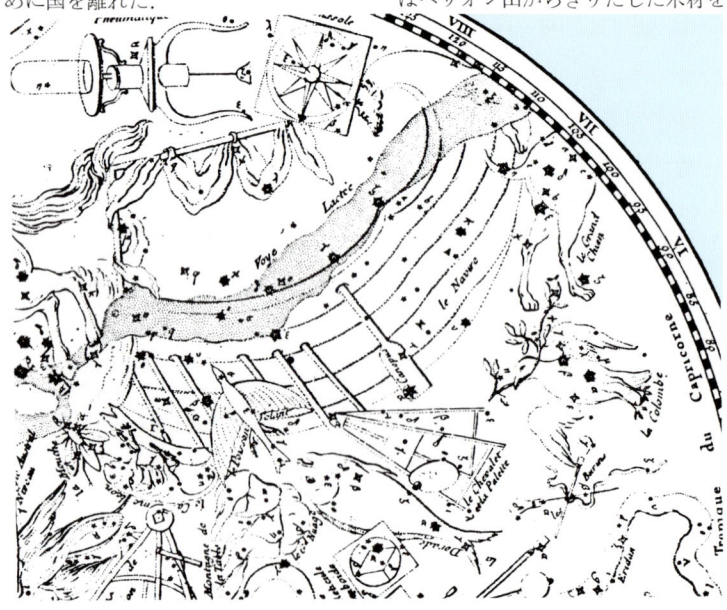

ラカーユ星図のアルゴ船と天の川

つかったが，船首の部分だけは，女神アテナの助けをかりて，聖地ドドナ（ゼウスの神託の地で，樫の木が崇拝の象徴となっていた）の樫（カシ）の木をつかった．

女神アテナは，自分で木をきってアルゴスに与えた．そして，できあがった船首に，予言ができる人の声をさずけたという．

参加したメンバーは，ことの名手オルフェウス（こと座），悲劇の英雄ヘルクレス（ヘルクレス座），カストルとポルックス（ふたご座），そのいとこの千里眼のリュンケウスともっとも強い男イダス，そして，豪傑テセウス，舵手のティピュス，名医アスクレピオス（へびつかい座）など，伝説の主役クラスがずらりと顔をそろえる豪華版であった．

とてつもなく豪華なメンバーがそろって，とてつもなく大きな船をあやつった，とてつもなく長く，複雑なこの冒険の旅物語は，忠臣蔵のギリシャ版といったところだ．

途中，いくつかのパートがあって参加メンバーの英雄たちが，それぞれ各パートの主役として活躍するオムニバス形式の長編冒険物語になっている．おそらく，イアソンの遠征記にその他の海の旅の物語が，めったやたらに，時には無理やりさしこまれて，大きくふくれあがってしまったのだろう．

実は，アルゴナウテスArgonautes（アルゴ船の乗組員）の50名の名前も伝説によって一定しない．ときには50名というメンバーの数すらあやしくなるのだ．

ギリシャ版忠臣蔵のメンバーに名をつらねることは，ギリシャの人々にとってたいへん名誉なことで，わが家の祖先が参加していないはずはないのだと，ギリシャの名家はこぞ

アルゴ船の出航（ロレンツォ・コスタ画）

ってわりこみをたくらみ，物語をさらに混乱させた．

形のはっきりしない大きなアルゴ船座は，まさに，そういった複雑な長編物語の象徴としてふさわしい．

イアソンたちをのせたアルゴ船はテッサリアのパガサイ港を出発してまずレムノス島へむかった．エーゲ海に浮かぶレムノスは，なんと女ばかりが住んでいる奇妙な島だった．

いくつかのできごとの後，船はヘレスポントのトラキヤについた．

トラキヤのピネウス王は，盲目だがすぐれた予言者だった．そこでイアソンは，コルキスへ行くもっとも安全な方法は？と王にたずねた．王は「私のたのみをきいてくれたら教えよう」といった．王のたのみは，ハルピュイアHarpuiaという怪鳥の害をとりのぞいてほしいということだった．

ハルピュイアは，美しい女の顔をした2羽の鳥だが，王が盲目なのをいいことに，王が食卓について食事をしようとすると，すぐ現われて一番おいしいところを先に食べてしまう．それだけならまだしも，残った分は食べられないように排泄物をかけて逃げるのだ．

　話をきいたイアソンは一行の中のカライスとゼテスにハルピュイア退治をたのんだ．二人は北風の子で，背中に翼があって自由自在に飛ぶことができた．二人は剣をぬいてハルピュイアを追いかけたが，そのまま帰ってこなかった．もちろん，ハルピュイアも王の食卓に姿をみせなくなった．

　喜んだ王は，コルキスへ行く途中ぶつかる岩（Symplegadesシュムプレガデス）が黒海の入口付近にあって，その間をとおり抜けようとすると，2つの岩がぶつかって船をこなごなに砕いてしまうことを教えてくれた．

　そして，このシュムプレガデスの間をぬけるためには，まずハトを飛ばして，もしハトが無事通過できたら船も大丈夫とおり抜けられるだろうと付け加えた．

　ピネウス王とわかれて，イアソンたちは黒海の入口へむかった．やがて両側から青黒い岩山がせまる難所にさしかかった．

　イアソンは王に教えられたとおりハトを放った．ハトが岩の間を通りぬけようとすると，両側の岩はすさまじい勢いでハトに迫った．ハトがひっ死ですりぬけた瞬間，岩ははげしくぶつかった．尾のほんの一部をはさまれただけで，無事通過するハトをみたイアソン一行は，全員で力のかぎり漕いで船を進めた．はげしくぶつかった岩が，その反動で両側にはねえかったところをすりぬけようというのだ．

　岩はふたたびぶつかったが，アルゴ船は船尾の飾りがもぎとられただけで，みごとに通りぬけることがで

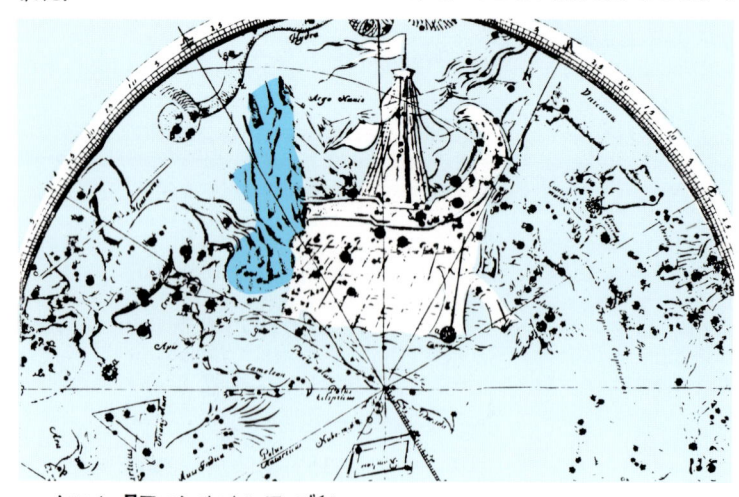

ロワイエ星図にえがかれたアルゴ船
船の尾が岩山にくだかれている

きた．船を一度通した岩は二度とぶつかることはなくなったという．

船は無事コルキスの町についた．

●メディアの魔法

コルキスの王アイエテスは，イアソンの目的を知って，とてもできそうにないむずかしい条件をだしてあきらめさせようとした．国の宝物にしていた金毛の羊をわたす気は毛頭なかったのだ．

イアソン一行のだれもアイエテス王の無理難題を解決することができなかった．

王の難題とは，鼻から火を吹く牛が2頭放しがいにしてあるので，つかまえてつないでほしいということと，戦いの女神アテナにもらった龍のキバを畑にまいてくれれば金毛の羊をわたしてもいいというのだ．

イアソンがこの難題に手をこまねいていると，彼に恋をした王の娘メディアが自分を妻にしてくれたら助けてあげると申しでた．

メディアは魔法を使うことができた．イアソンが結婚を約束すると，メディアは火にあっても，刀にあっても傷がつかない薬をくれた．そして，龍の牙を畑にまいたら戦士がでてくるので，その時は彼等に石を投げなさいと教えてくれた．

あくる朝，イアソンは薬をからだにぬって，早速火を吹く猛牛をつかまえた．そして，牛をつかって畑をたがやし，龍の牙をまいた．牙はたちまち芽をふいたが，それは武器をもった戦士たちとなって，イアソンにおそいかかった．

イアソンが教えられたとおり，石を投げると，戦士たちは仲間のだれかが投げたとかんちがいして，互いに同士うちをはじめた．そしてやがて全員が死んでしまった．

驚いた王は「金毛の羊は明日おまえにわたそう」と約束した．実はアルゴ船を焼きはらって，乗組員を皆殺しにするつもりだったのだ．

それを知ったメディアは，その夜イアソンと琴の名手オルフェウスを金毛の羊のところへ案内した．

　羊の毛皮は花園の中央にある木の枝にかけられ，その木の幹に龍がまきついてそれを守っていた．

　メディアはオルフェウスに眠り歌をうたうようたのんで，自分は呪文をとなえはじめた．オルフェウスが琴をひきながら，ささやくように歌うと，やがて龍は火を吹くことをやめて，幹からずりおちて眠ってしまった．

　イアソンは金毛の羊を手にいれると，いそいで船をだした．メディアは幼い弟のアプシュルトスをつれて船にのった．

　金毛の羊が盗まれたことに気がついたアイエテス王は，すぐご自慢の快速船で追跡した．王の船はたちまちアルゴ船に追いついた．

　追いつかれたことを知ったメディアは，突然，弟のアプシュルトス王子をつかまえて殺してしまった．この恐ろしい光景に，追いついたアイエテス王も，イアソンたちもあぜんとしてそれを眺める内に，メディアは弟の体を細かくきざんで海に投げすてた．

メディア（壺絵・ルーブル美術館蔵）

　目前で息子を殺され，恋にくるった娘をみせられたアイエテスは，イアソンを追う気力を失った．王が船を止めて王子のなきがらを拾いあつめさせているうちに，イアソンたちは水平線のかなたに逃げのびることができた．

　その後，かずかずの危難がイアソンたちを襲うのだが，何年もたってやっとイオルコスに帰ることができた．しかし，イアソンはながいながい冒険の旅に，すっかり心を痛め，おじのペリアスにかわって王位につこうという気持も消え失せてしまった．

　妻のメディアだけは自分が女王になることをあきらめようとしなかった．そこで，イアソンがイノシシ狩りにでかけたるすに，ペリアス王の娘たちをだました．

　「年老いたお父さまを若がえらせる術を教えてあげよう」といって，娘たちの目前で，死んだ羊を切りきざむと，火にかけた大鍋の中に投げこんだ．すると，煮たった鍋から若い元気な羊がとびだした．実はメディアが魔法をかけていたのだ．

　それを知らない娘たちは，父ペリアス王を殺して大鍋になげこんだ．もちろん，王は生きかえってこなかった．

イオルコスの人々は，メディアの卑劣な行為に怒ってイアソンとメディアを追放した．2人はコリントスに逃げのびたが，イアソンはメディアを妻にむかえたことを心から後悔した．イアソンはメディアに別れたいと心をうちあけると，妻はそれを承知した．

その後，イアソンはコリントス王の一人娘グラウケと結婚することになった．しかし，このことを怒ったメディアは，グラウケに魔法をかけた花嫁衣裳をおくった．

メディアの衣裳は，それを着たとたんに燃えだした．娘も，それを助けようとした父王も，共に焼け死んでしまった．メディアはイアソンとの間にできた2人の子を殺して逃げてしまった．

●難破船アルゴ

ふたたび，イアソンはコリントスを追われて，放浪の旅に出なければならなかった．

さまよったあげく，傷心のイアソンが最後にたどりついたのは，なんと廃船となって陸にひきあげられたアルゴ船のあるイオルコスの港だった．

「私にはお前しかいない」とアルゴ船に話かけたイアソンは，船にもたれてねむってしまった．

イアソンはどこまでも悲運な男だった．突然，腐った船首がくずれ落ちて，イアソンの頭を打った．

イアソンは悲しい生涯をアルゴ船と共に閉じたのだった．

（ギリシャ）

―幻の星座シリーズ―

そくていさく座
LOCHIUM FUNIS

測程儀は1607年に発明された船の速度を測定する道具である．最初の測程儀は，大きな板を綱でひっぱるという単純なものだった．

船の速度が大きいと，海水の抵抗が大きくなって板を引く力が強くなる．そのために綱が海中に引きこまれるわけだが，この時引きこまれた綱の長さが，船の速度をあらわすというのだ．

目盛をいれた綱を"測程索"といった．測程儀が星座にならないで，なぜ綱のほうだけが星座になったのか，その理由はよくわからない．

測程索座は，現在のとも座の西側に，ボーデ（1747〜1826）が設定して，1800年に発表した星座だが，こ

昔，丸太をひもで結んで船首から海に投げて丸太が船尾へいくまでの時間をはかって船の速度をはかったのがはじまりだという

のあたりにえがかれた巨大なアルゴ船（アルゴ座）に測程儀を結びつけようとしたのだろう．

アルゴ船は，1752年に，フランスのラカーユによって，とも座，らしんばん座，りゅうこつ座，ほ座，という四つの星座に分割されてしまった．測程索座も，アルゴ船の難波さわぎのうちに，波にさらわれてしまったらしい．

✳ カノープスをみませんか ✳

●みつけかた

カノープスをみつけるには，もっとも高くのぼる南中時をねらうわけだが，北緯35°で，わずか2°しかのぼらないスレスレ星だから，なかなかめぐり逢うチャンスはやってこない．

南の地平線上に視界をさえぎる障害物がないこと，地平線ちかくまですっきりと晴れあがった夜であること，そして，あなたがすくなくとも北緯37°以南にいることなど，条件がそろってはじめてみつけられる星なのだ．

地図をひろげると，福島県のいわき市あたりが北限になるが，もちろんそれは地図上のことで，実際にはどのあたりまで見えるのだろうか？すこし高い山にのぼれば，もっと北の地方でも発見できるはずだが….

「昔，東京都内からいつでもみえたが，このごろは光害でみえなくなった」という話をよく聞く．さて，あなたのところでは…？

私の場合は，いまから30年ほど前岐阜の小さな山の上でみつけたのが初体験であった．後年明石の宿のベランダからみたカノープスが，意外に高く明るく輝いて，岐阜のカノープスとはかなりちがった印象をうけたこともおぼえている．

カノープスをみつけたとき，それはいつもガラスごしにしか見られない貴重な宝石に直接手をふれる，めったにないチャンスにおもえて，他愛もなく胸がときめく．

「やー あれがカノープスか，なるほど，なるほど，スレスレ星か，ウン，よくみえる…」と，かってに納得し，かってに感激するのだ．

しかし，その他愛のなさが，人間の生きる楽しみのすべてではないだろうか．

南半球に住む人々がカノープスをみつけても，北半球の私たちほどの感激や，胸のときめきは感じられないだろう．

人が深遠な宇宙の神秘に挑戦することに夢中になるのも，北半球の私たちがカノープスをみつけて喜ぶのも，他愛のなさかげんにはかわりがない．

他愛のなさが人の生きがいをつくって人生を豊かにする．他愛のなさが豊富なほど，その人の人生は豊かで楽しいにちがいない．

除夜の鐘を聞きながら，南中したカノープスをさがしてみよう．みつかったら，今年のあなたはついている．

カノープスをみませんか

「清里のカノープス」撮影・石川講章
おおいぬ座(上)との位置関係がよくわかる。一番下の軌跡がカノープス

カノープスをみませんか

●カノープスは水先案内人

アルゴ座の主星αは，そのまま，りゅうこつ座の主星αとなった．

りゅうこつ座(カリナCarina)のα星はカノープス Canopus という．

カノープスは，トロイア戦争のとき，ギリシャのスパルタ軍の艦隊をみちびいた名水先案内人だったが，不幸にも船の上でなくなった．スパルタのメネラオス王は彼の功績をたたえて，カノープスの名を彼がこの世をさった小さな港の名前としてのこしたという．その後，その港で海上すれすれにあらわれる明るい星をカノープスと呼ぶようになったともいう．

カノープスは，ギリシャ時代に，カノーボス Kanobos，あるいは，カノーポス Kanopos と呼ばれたが，後年ラテン語化されてカノーブス，あるいはカノープスとなった．

カノープスの名は，エジプトのナイル河口にある港の一つと，町の呼名となった．

スパルタの王メネラオスと后ヘレネがエジプトを訪問したとき，カノープスは船の舵取りをつとめたのだが，エジプト王プロテウスの美しい娘テオノエにみそめられた．

この恋はみのらず，カノープスは毒ヘビに咬まれて死んだ．

メネラオスとヘレネは，エジプトの地にカノープスを葬ったが，ヘレネの流した涙から，ヘレニオンという花の美しい草がはえたともいう．

そして，別の説では，エジプトの冥府の神オシリス Osiris の船の舵手であったとか，あるいは，アルゴ船の舵手であったともいう．

*

星の伝説としては，アルゴ船と結びつけたいところだ．

●死んだ漁師の魂が呼ぶ？

アルゴ船と共に，舵取りのカノープスも星になった．カノープスは星になったいまも，冬の南の海上に姿をみせて水先案内をつとめる．

カノープスの輝きにめぐまれない日本や中国にも，その特殊な見えかたをとらえた呼名や伝説がある．

日本の呼名"めらぼし"は，房総半島の南端にある布良(めら)港の名をつけたものだ．

海上すれすれに姿をみせる輝星が漁港で注目されたのは当然だが，この地方では，めらぼしがあらわれると，そのあとかならず海が荒れるとか，雨の降る前にあらわれるとか，天気がかわる前ぶれとしてあらわれるなど，天気予報のようないいつたえがいくつかある．

おおちゃく星

🌸 カノープスをみませんか 🌸

"めらぼし"は，嵐のために海で死んだ漁師の魂が，海上にでてきて仲間の漁師を呼んでいるのだ，という．

カノープスは，シリウスと同じ白色に輝く星なのだが，地平線ちかくでしかみえないので，夕日が赤いのと同じ理由で，不気味な赤味をおびた星になってしまう．

それに，毎年，海の荒れる2〜3月のよいに姿をあらわすことが，海の恐ろしさをよく知っている漁師たちには，海で死んだ仲間の怨念に感じられたのだろう．

● 和尚星？

同じ星が土地がかわると"おしょうぼし""上総のおしょうぼし""にゅうじょうぼし""さいしゅん（西春）ぼし"と呼名もかわる．

昔々，上総の和尚が旅の途中，常陸の国で殺されて，金をうばわれたという．

和尚は死にぎわに「わたしのうらみは星になって，雨の降る前の夜に，南の上総の山の上にでるだろう」といった．和尚のいったとおり，山ぎわに"上総の和尚星"が怨めしそうににぶい輝きをみせるようになった．この星がでると次の日はきまって強い風が吹いたという．

（日本）

*

昔，西春という僧侶が，みずから生きうめになって死んだ．入定とか入滅，あるいは入寂ともいう．

西春は「私が死んだら星になってあらわれるが，私を見たら必ず海がしけるから船を出しちゃいかん」といい残した．

その後，この星は漁師たちに"西春星"とか"入定星"と呼ばれるようになったという．

（日本）

● 横着星・不精星

おもしろいのは"おおちゃくぼし"だ．この星がちょっとだけ顔をだしてすぐ沈んでしまうことから，横着な星だという中国・四国地方での呼名だ．

岡山地方では讃岐（さぬき）の上にみえるので"さぬきのおおちゃくぼし"と呼び，讃岐では土佐の上にでるので"とさのおおちゃくぼし"というように，星の見える方向の地名をつけて呼んだ．私が明石でみたのは"淡路の横着星"だったが，赤穂のあたりでは"伊予のおおちゃくぼし"というのだそうだ．

横着星によく似た意味で"ぶしょうぼし（不精星）"とか"どうらくぼ

カノープスをみませんか

し(道楽星)"というのもおもしろい.
　もっとおもしろいのは"いもくいぼし(芋くい星)"だ. 四国の芋畑の上をすれすれに通って, 芋を食べるというのだ.
　冬の宵空にあらわれることから, "さむさむぼし""ざぶざぶぼし"も楽しい. もっとも"ざぶざぶぼし"は, 低いので波しぶきでぬれて, ざぶざぶというのかもしれない.

●みつけたら長生きできます 長寿の星

　日本で, どっちかといえば, 不気味で不吉なとらえかたをしたカノープスだが, 中国では逆の印象をもったようだ.
　もっとも南に見えるこの星を"南極老人星"とか"寿老人星""老人星"といった.
　老人星は, 北緯35°で南中時の高度が, 地平線上約2°にしかならない. かつて中国の都であった洛陽や西安(長安)で, 2°～3°しかのぼらないこの星がみえたときは, 天下泰平国家安全のしるしだと喜ばれたという.
　すれすれにでてすぐ沈んでしまう星をみつけることは, めったにない幸運である. 老人星をみつけた人は長寿にめぐまれるともいう.
　この老人, 酒好きでいつも赤ら顔をしている寿老人(日本でいう七福神の一人)を想像した.
　この寿老人なかなかの酒好きで,

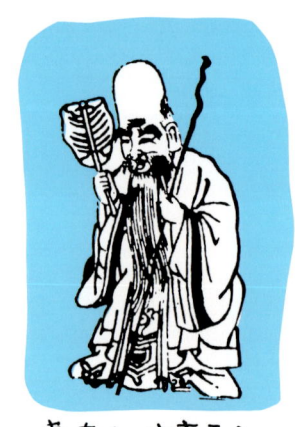

寿老人 (広重画)

時折, 地上におりて酒を飲む. この星がいつも赤い顔をしているのはそのせいだという.
　年末から年始にかけての真夜中, 南の地平線上にひょっこり赤い顔をみせるのだが, 祝い酒にごきげんな寿老人がみつかったら, 今年のあなたはきっといいことがあるにちがいない.

●酒好きな寿星

　寿老人星に対する信仰は, 中国にかなり古くからあったらしい.
　中国が宋と呼ばれた頃, 都に一人の老人があらわれた. 背がひくくて頭だけが妙に長い老人だった.
　老人はまちで占いをして金を手にすると, すぐ酒をのむのだが, 酒屋

カノープスをみませんか

の酒をすべてのみほしても、ケロリとしている老人の酒好きは、たちまち都中の話題になった。老人は酒をのむといつも「わしは長寿の仙人じゃ」とだれかれとなく一人ごとを言うのだ。

やがて、このことは仁宗皇帝の耳に入った。

「おもしろい老人じゃ、私が酒を進呈しよう」といって、老人を宮殿に招いて酒をふるまった。

老人は嬉しそうにニコニコしながら飲み始めたが、いくらのんでも一向に酔うようすもなく、人の寿命の不思議な話をして、まわりのものを煙にまきながら、次々とさしだされる杯をうけて、とうとう七斗（一斗は十升、一升は1.8ℓ）ほどたいらげてしまった。そして、驚く皇帝や宮殿の人々を尻目に、しっかりした足どりで、ゆうゆう立ちさった。

あくる朝、天文の役人から「昨夜寿星が姿をみせませんでしたが、帝座の近くに星が一つよりそって輝いていました」という報告があった。

皇帝はこのことを聞いて、さも満足げに「やはり昨夜の老人は、寿老人であったか、ありがたいことだ」といった。

その夜、寿星はいつもの位置で輝いていた。心なしかいつもより赤い輝きがみられた。南へ帰ってから酔いがまわったのだろう。

（中国）

＊

都にあらわれた長頭短身の老人のスケッチが、七福神のなかの福禄寿（ふくろくじゅ）だともいう。七福神のなかに、寿老人という神様がいるが、どちらが寿星（南極老人星、カノープス）であるかは、深く追求しても無駄で、おそらくこの伝説はそのあたりが混同されているのだろう。福禄寿は寿老人より新しく、室町時代に七福神に加えられた神様だという。

いずれにしても、中国ではこの星がみえることは吉兆というわけだ。

現代の日本の都会で、この星が見えるのは、スモッグや光害にさまたげられないごく限られた日のできごとである。やはり吉兆というべきだろう。

「マニラのカノープス」撮影・川地博

あとがきの前に

この星座博物館シリーズを より有効に活用するために

野外でも つかってください

　本書は「春」「夏」「秋」「冬」の四季に分けて，4冊に編集しました．

　手軽に携帯できて，四季折々の星空が楽しめるようにと考えたからです．版を小型にしたのも同じ理由によるものですが，少々よくばりすぎてページ数がふくれあがってしまいました．

　したがって，「ポケットに入れて気軽にお使いください」ということができなくなったのですが，でも「ぜひ小脇にかかえて」おでかけください．あなたの星見をよりいっそう楽しくすることをうけあいます．

「星座写真」と「星図」を つかって星座探訪を…

　星座写真と星図は，対比しやすいように見開きページに並べました．写真と星図と実際の星空をみくらべて，星図のつかいかたに慣れることが大切です．星図をみただけで実際の星空のようすが想像できるようになればいいのです．

　星図には，双眼鏡でみられる主な星団や星雲のすべてが記入してあります．双眼鏡や小型の天体望遠鏡をつかった星空の探訪にも利用できます．

　星座写真は磯貝文利氏の撮影によるものです．ハレーション防止処理のしてないレントゲン用のフィルムを使用したので，明るい星だけはハレーションによるリングができて大きくみえます．星座をさがすときにこのほうが主要な星の配置がわかりやすいと思うのですがいかがでしょう．

　磯貝氏のみごとな星座写真は，一枚一枚が鑑賞にたえる作品になっています．ですからこのページは写真をみるだけでも十分楽しめます．となりの星図と見くらべると楽しさはさらに倍加します．

「星座のみつけかた」で 目的の星座を

　目的の星座が，いつ，どのあたりにみられるかを，右ページの図と表で調べてください．日時と地平高度と方位と星座のかたむきから見当をつけてさがしてください．目的の星座とちかくの星や星座との関係は左ページの星図を参考にして確認してください．このページは便利な星座早見として役立つはずです．

「データ」はベクバル星表 その他の年表，年鑑で

　星や星団，星雲の光度，距離，スペクトル型など，本書に使用したデータは，原則としてベクバル星表*

* ATLAS OF THE HEVENS-Ⅱ
　CATALOGUE 1950.0

によるものです．一部は理科年表，天文観測年表，天文年鑑などのデータをつかいました．

2000.0年分点での座標データについては，Sky Catalogue 2000.0を使用しました．

歴史，名前，伝説について，もっとくわしく知りたいときに……

●星の名前やその由来については，ほとんどがリチャード・アレンのまとめた「Star Names Their Lore and Meaning」1963年によるものです．1899年に出版されたものですが，近年Dover社で複製版が出版されたので，簡単に安く手に入れられます．古めかしい英語で，しかもなんの洒落っけもなく，くどくどと名前とその由来がかきつらねてあるレポートですから，読んでおもしろいものではありませんが，貴重な資料です．その日本版といえるのが「星座の神話」原恵著です．表題の神話よりも，星座の歴史，星の名前と意味，由来といった資料がとてもよくまとめられているいい参考書です．その他「スズキ星座図譜」鈴木敬信著，「星座」新天文学講座第１巻が参考になります．

●星座にまつわる神話は，その歴史からギリシャ神話がもっとも多いのです．訳本が多く出版されていますが，「ギリシャ・ローマ神話辞典」高津春繁著が参考資料としてつかいやすく，よくまとまっています．そのほか「ギリシャ神話」呉茂一著，「ギリシャ神話」K・ケレーニイ著・高橋英夫訳を参考にしました．

「星の神話伝説集成」野尻抱影著は，国内国外をとわずすべての神話伝説をあつめたもので，星や星座の神話伝説のバイブルといえるものです．

●日本の星の名前については，そのほとんどが「日本星名辞典」野尻抱影著にまとめられています．そのほか「日本星座方言資料」「星の方言と民俗」内田武志著，「アイヌの星」末岡外美著もたいへん貴重な参考資料です．

日本星名辞典と多少のかさなりがありますが，野尻抱影著の「日本の星」は楽しい読み物になっています．

楽しいといえば，野尻著の「星三百六十五夜」はぜひにとおすすめしたい天文随筆です．資料としての価値も十分あるのですが，それよりも星に対する人間の心が気持ちよく伝わってくる名文の魅力を十分味わってほしいのです．

●中国の星や星座については，「中国の天文暦法」「晋書天文志」藪内清著や，「石氏星經の研究」上田穣著や，「中国星座名義考」大崎正次著（天文月報1976年３月，４月号）などがあります．最近，中国で発行された「中西対照・恒星図表」伊世同編は現代星図と中国星図を対照させたユニークな星図です．

「みどころガイド」は双眼鏡が役立ちます

星座がみつかったら，みどころガイドを参考に，星雲や星団に挑戦してみてください．

できるだけ空気の澄んだ美しい空で，双眼鏡がある人はもちろん使ってください．

肉眼や双眼鏡では，かすかな光のシミが見える程度ですが，位置を確認することができるだけで楽しいものです．それがやみつきになった人には「ほしぞらの探訪」山田卓著が便利だと思います．さがしかた，口径や倍率によるみえかたのちがいなどを写真と図でわかりやすくしたつもりです．

旅にでるオリオン

　4月のよい、春の星座たちが、冬の星座にとってかわる．

　冬のよい空をとりしきったオリオン一家は、親分オリオンを中心に、おおいぬ、こいぬ、おうし、ぎょしゃ、ふたご、うさぎなど、子分ともども西の地平線にむかって旅立つのだ．

　ところで、跡目をつぐ春の星座たちには、特に群をぬく親分がなく、めいめい勝手にちらばってまとまりがない．

　輝星に乏しいうえに、春がすみが星のまたたきに催眠術をかけてしまうからだろう．相続争いの気配すらまるで感じられない．

　旅装束（たびしょうぞく）のオリオン一家を西に見おくってしまうと、春宵ののんびりムードが夜空をおおう．

　春の星座のトップをきって、春一番、かに座が空高く舞いあがる．

　双眼鏡でかに座のプレセペ星団を楽しんだのが、つい先日のように思えるのに、それはもう一年も前のことなのだ．

　プレセペの顔は一年前とすこしもかわっていない．旅にでたオリオンも、来年また確実に冬の夜空に帰ってくるだろう．

冬の星座博物館 《新装版》
Yamada Takashi の Astro Compact Books ④

2005年6月20日　初版第1刷

著　者　山田　卓
発行者　上條　宰
発行所　株式会社地人書館
　　　　162-0835 東京都新宿区中町15
　　　　電話　03-3235-4422　　FAX 03-3235-8984
　　　　郵便振替口座　00160-6-1532
　　　　e-mail chijinshokan@nifty.com
　　　　URL http://www.chijinshokan.co.jp
印刷所　ワーク印刷
製本所　イマヰ製本

©K. Yamada 2005. Printed in Japan.
ISBN4-8052-0763-9 C3044

|JCLS| <㈱日本著作出版権管理システム委託出版物>
本書の無断複写は著作権法上での例外を除き禁じられています。複写される場合は、その都度事前に㈱日本著作出版権管理システム（電話03-3817-5670、FAX03-3815-8199）の許諾を得てください。

秋のよい空

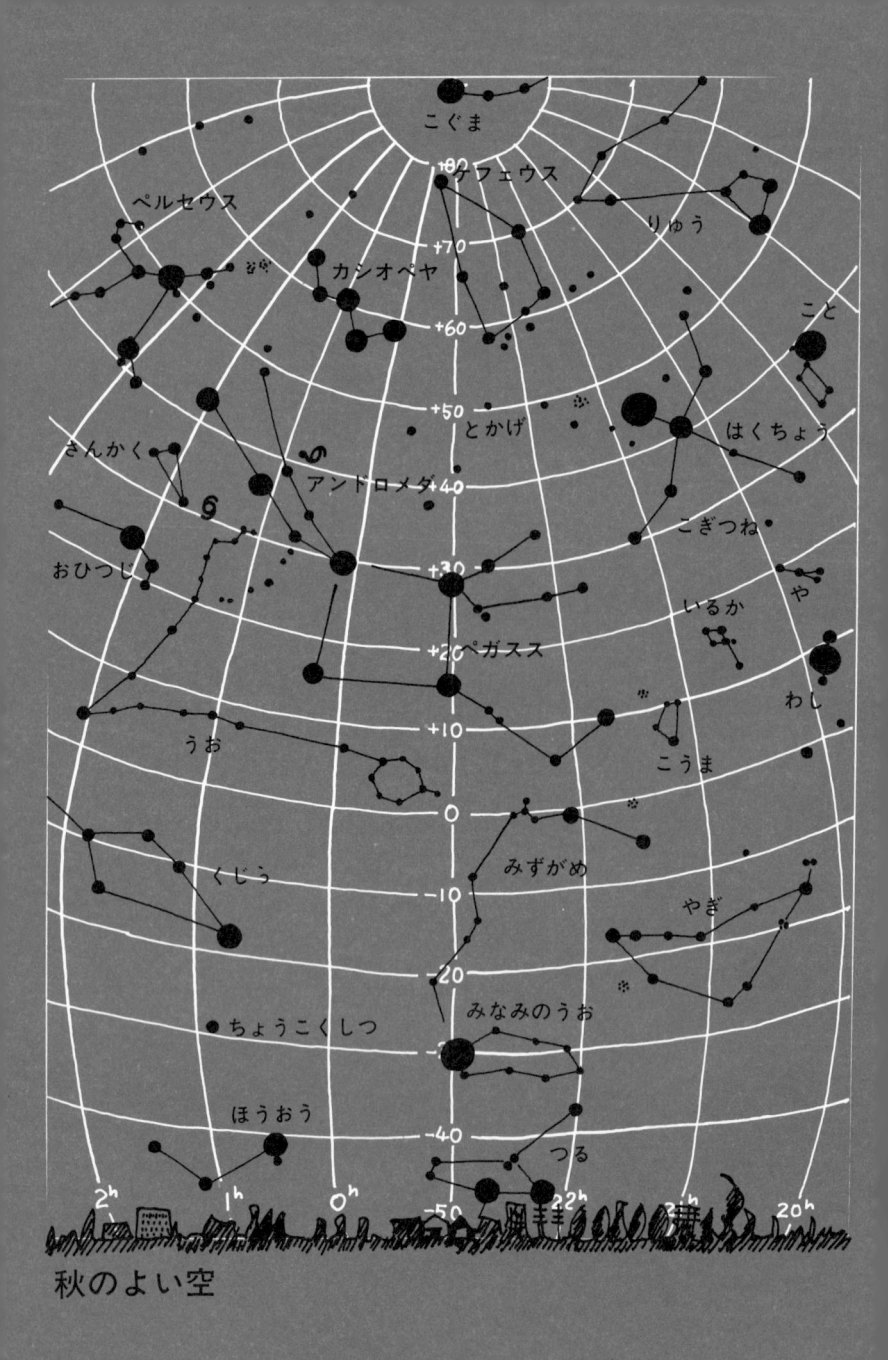